Industrie 4.0 – Schlüsseltechnologien für die Produktion

Johannes Pistorius

Industrie 4.0 – Schlüsseltechnologien für die Produktion

Grundlagen · Potenziale · Anwendungen

Johannes Pistorius
Saarbrücken, Deutschland

ISBN 978-3-662-61579-9   ISBN 978-3-662-61580-5   (eBook)
https://doi.org/10.1007/978-3-662-61580-5

Die Deutsche Nationalbibliothek verzeichnet diese Publikation in der Deutschen Nationalbibliografie; detaillierte bibliografische Daten sind im Internet über http://dnb.d-nb.de abrufbar.

© Der/die Herausgeber bzw. der/die Autor(en), exklusiv lizenziert durch Springer-Verlag GmbH, DE, ein Teil von Springer Nature 2020, korrigierte Publikation 2020
Das Werk einschließlich aller seiner Teile ist urheberrechtlich geschützt. Jede Verwertung, die nicht ausdrücklich vom Urheberrechtsgesetz zugelassen ist, bedarf der vorherigen Zustimmung des Verlags. Das gilt insbesondere für Vervielfältigungen, Bearbeitungen, Übersetzungen, Mikroverfilmungen und die Einspeicherung und Verarbeitung in elektronischen Systemen.
Die Wiedergabe von allgemein beschreibenden Bezeichnungen, Marken, Unternehmensnamen etc. in diesem Werk bedeutet nicht, dass diese frei durch jedermann benutzt werden dürfen. Die Berechtigung zur Benutzung unterliegt, auch ohne gesonderten Hinweis hierzu, den Regeln des Markenrechts. Die Rechte des jeweiligen Zeicheninhabers sind zu beachten.
Der Verlag, die Autoren und die Herausgeber gehen davon aus, dass die Angaben und Informationen in diesem Werk zum Zeitpunkt der Veröffentlichung vollständig und korrekt sind. Weder der Verlag, noch die Autoren oder die Herausgeber übernehmen, ausdrücklich oder implizit, Gewähr für den Inhalt des Werkes, etwaige Fehler oder Äußerungen. Der Verlag bleibt im Hinblick auf geografische Zuordnungen und Gebietsbezeichnungen in veröffentlichten Karten und Institutionsadressen neutral.

Planung/Lektorat: Thomas Lehnert
Springer Vieweg ist ein Imprint der eingetragenen Gesellschaft Springer-Verlag GmbH, DE und ist ein Teil von Springer Nature.
Die Anschrift der Gesellschaft ist: Heidelberger Platz 3, 14197 Berlin, Germany

Vorwort

Industrie 4.0 – die vierte industrielle Revolution – hat in den letzten Jahren eine rasante Entwicklung genommen. Die digitale Transformation ist Chance und Notwendigkeit zugleich und betrifft alle Unternehmen unabhängig von Größe und Branche. Reagieren diese nicht rechtzeitig, so werden sie dem künftigen Markt nicht mehr gerecht. Kunden fordern zunehmend außergewöhnliche und individuelle Produkte. Darüber hinaus lastet der Druck des globalen Wettbewerbs auf der Industrie, verbunden mit hohen Anforderungen an die Qualität, Flexibilität und Einhaltung kurzer Lieferzeiten. Der starke Preiskampf zwingt Unternehmen ihre Produktivität kontinuierlich zu steigern, um konkurrenzfähig zu bleiben.

Die Art, wie Produkte zukünftig entwickelt, produziert und vertrieben werden, wird sich nachhaltig verändern. Die Digitalisierung in der Produktion verlangt ein Umdenken bezüglich Organisation, Prozessgestaltung und dem Einsatz neuer Technologien. Der Anwendungsbereich ist dafür nahezu grenzenlos. Das sogenannte „Internet der Dinge" dient als Grundlage für zahlreiche Schlüsseltechnologien von Big Data über den digitalen Zwilling bis hin zu Augmented Reality. Es entsteht eine intelligente Fabrik mit umfassender Vernetzung von Objekten und Systemen.

Das Fachbuch ist für jeden verständlich geschrieben und vermittelt Grundlagenwissen zum Thema Industrie 4.0 in der Produktion. Der Leser erhält einen umfassenden Überblick über wichtige Schlüsseltechnologien sowie deren Einsatzmöglichkeiten auf dem Weg zur digitalen Fabrik von morgen.

Mein besonderer Dank richtet sich an Herrn Prof. Dr. Stefan Georg von der Hochschule für Technik und Wirtschaft des Saarlandes, der mich äußerst konstruktiv bei der Konzeption dieses Buches unterstützt hat.

Johannes Pistorius

Inhaltsverzeichnis

Einführung

1

1.1 Motivation

Industrie 4.0 hat sich in den letzten Jahren zum Dauerthema in Wirtschaft und Politik entwickelt. Die Digitalisierung der Produktion soll unter Einsatz modernster Informations- und Kommunikationstechnik dazu beitragen, Wertschöpfungsprozesse flexibler und effizienter zu gestalten. Der Staat unterstützt zahlreiche Projekte in diesem Umfeld, indem er umfangreiche Fördermittel zur Verfügung stellt [Pfl14].

Die industrielle Fertigung und die dazugehörigen Dienstleistungen erbringen mehr als fünfzig Prozent der deutschen Wirtschaftsleistung. Deutschland zählt zu den weltweit führenden Industrienationen und besitzt eine gute Ausgangslage für die Gestaltung und Umsetzung von Industrie 4.0. Durch die digitale Transformation erwartet man Produktivitätssteigerungen von bis zu dreißig Prozent und Kostensenkungen von knapp drei Prozent pro Jahr [BmWi16].

Die Herausforderung für die deutsche Industrie besteht darin, ihre Spitzenposition im Zuge der vierten Revolution zu verteidigen. Nach dem großen Entwicklungsschub durch Computer und Automatisierung folgt eine Reihe an neuen Technologien und Treibern, die den heutigen Wandel bestimmen [BmWi15]. Das Ziel der deutschen Industrie muss sein, die Potenziale dieser Technologien früh zu erkennen und daraus einen maximalen Nutzen zu generieren. Nur so kann die deutsche Wettbewerbsstärke und rund fünfzehn Millionen Arbeitsplätze im produzierenden Gewerbe erhalten bleiben [Pla40]. Vor diesem Hintergrund beschäftigt sich dieses Buch unter dem Leitbild von Industrie 4.0 mit Schlüsselinnovationen für die Produktion von morgen.

© Der/die Herausgeber bzw. der/die Autor(en), exklusiv lizenziert durch Springer-Verlag GmbH, DE, ein Teil von Springer Nature 2020
J. Pistorius, *Industrie 4.0 – Schlüsseltechnologien für die Produktion,*
https://doi.org/10.1007/978-3-662-61580-5_1

1.2   Zielsetzung

Ziel ist es, ein Grundverständnis über Industrie 4.0 zu vermitteln. Der Schwerpunkt liegt auf aktuellen Schlüsseltechnologien und deren Funktionsweisen in der industriellen Transformation. Dieses Buch macht Vorteile und Einsatzmöglichkeiten der Technologien auf dem Weg zur digitalen Fabrik der Zukunft deutlich. Ergänzend dazu werden Maßnahmen betrachtet, die unter dem Begriff Infrastruktur zusammengefasst werden können und Voraussetzung für die erfolgreiche Umsetzung von Industrie 4.0 sind.

1.3   Vorgehensweise und Aufbau

Intensive Recherchen in Fachzeitschriften, Fachliteratur, Internetquellen sowie Publikationen der Industrieverbände und politischer Initiativen zeigen, welchen Stellenwert verschiedenste Technologien, Trends, Szenarien und Visionen in der Diskussion rund um das Thema Industrie 4.0 einnehmen. Auf Grundlage dieser Erkenntnisse und weiterführender Analysen bin ich zu dem Ergebnis gekommen, den Fokus in diesem Buch auf dreizehn besonders relevante Technologien zu legen. Die hohe Relevanz dieser Technologien bestätigen auch Experten von führenden Industrieunternehmen wie Siemens, KUKA, Festo und Flender, die als Anbieter von Digitalisierungssystemen gleichzeitig auch Anwender in ihren Werken sind (Kap. 9). Das Buch zeigt, wie sich die Technologien thematisch zuordnen lassen und hilft die Zusammenhänge anhand von Beispielen besser zu verstehen.

Abb. 1.1 zeigt den strukturellen Aufbau des Buches: dreizehn Schlüsseltechnologien sowie drei infrastrukturelle Themen. Alle sind Bestandteil von Industrie 4.0.

Das Buch mit dem Titel „Industrie 4.0 – Schlüsseltechnologien für die Produktion" gliedert sich in neun Kapitel.

Nach der allgemeinen Einführung über Motivation, Zielsetzung und Vorgehensweise dient das zweite Kapitel dem inhaltlichen Einstieg in das Thema Industrie 4.0. Es geht näher auf die vierte industrielle Revolution ein und vermittelt wichtige Basisinformationen, um in den Folgekapiteln darauf aufzubauen.

Die Kapitel drei bis sechs umfassen eine ausführliche Betrachtung unterschiedlichster Technologien, die eine Schlüsselrolle in der Produktion der Industrie 4.0 einnehmen und auf denen der Fokus dieser Publikation liegt. Die dreizehn Technologien sind in vier Kategorien eingeteilt, um zusammenhängende bzw. thematisch ähnliche Themen für den Leser deutlich zu machen. Zum besseren Verständnis sind die Unterkapitel zu den einzelnen Technologien identisch im Aufbau: Zuerst wird jede der Technologien detailliert beschrieben. Dabei wird auf Eigenschaften, Ausprägungen, Funktionsweisen sowie Potenziale und wirtschaftlichen Nutzen eingegangen. Der aktuelle Stand der Technologien im Kontext der Industrie wird anschließend anhand von anschaulichen Praxisbeispielen dargestellt. Dazu werden neueste Studien sowie Use Cases von renommierten Unternehmen herangezogen.

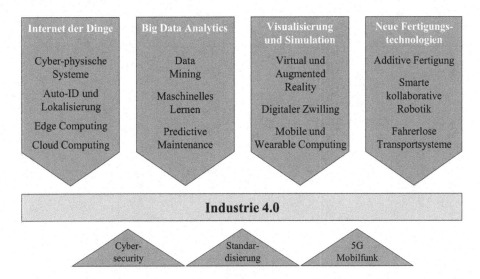

Abb. 1.1 Schlüsseltechnologien und Infrastruktur in der Industrie 4.0. (Quelle: Eigene Darstellung)

Im siebten Kapitel wird auf erforderliche infrastrukturelle Rahmenbedingungen für Industrieunternehmen eingegangen. Diese sind Voraussetzung, um die in den vorherigen Kapiteln behandelten Schlüsseltechnologien in der Fertigung möglichst einfach und ohne Einschränkungen integrieren zu können.

Das achte Kapitel dient dazu, die wichtigsten Erkenntnisse noch einmal zusammenzufassen, Inhalte zu bewerten und Handlungsempfehlungen für Unternehmen abzuleiten.

Kapitel neun umfasst Interviews mit Experten aus führenden deutschen Industrieunternehmen, die eine aktuelle Einschätzung zur Digitalisierung in der Produktion geben und praxisnahe Antworten zu den im Buch thematisierten Technologien liefern.

Literatur

[BmWi15]   Bundesministerium für Wirtschaft und Energie: Industrie 4.0 und Digitale Wirtschaft: Impulse für Wachstum, Beschäftigung und Innovation, S. 7. BMWi, Berlin (2015)
[BmWi16]   Bundesministerium für Wirtschaft und Energie: Digitale Strategie 2025, S. 41. BMWi, Berlin (2016)
[Pfl14]   Pflaum, A.: Industrie 4.0 und CPS – Bedarfe und Lösungen aus Sicht des Mittelstands. Kurzstudie, S. 5. https://www.baymevbm.de/Redaktion/Frei-zugaengliche-Medien/Abteilungen-GS/Regionen-und-Marketing/2016/Downloads/Kurzstudie_CPS_20141007.pdf (2014). Zugegriffen: 7 Juli 2019
[Pla40]   Plattform Industrie 4.0: Chancen durch Industrie 4.0: Von smarten Objekten und vernetzten Maschinen zurück zum Menschen. https://www.plattform-i40.de/PI40/Redaktion/DE/Standardartikel/chancen-durch-industrie-40.html (o. J.). Zugegriffen: 7 Juli 2019

Industrie 4.0 – vierte industrielle Revolution

Der Begriff Industrie 4.0 ist im Rahmen eines Zukunftsprojekts der deutschen Bundesregierung entstanden. Durch die Digitalisierung klassischer Industrieunternehmen zielt man auf eine Steigerung der Automatisierung und Vernetzung in der Produktion ab, um mit Hinblick auf die zukünftige Standortsicherung und den Ausbau wettbewerbsfähiger Strukturen, die Zukunft der deutschen Industrie zu sichern [Win17].

„4.0" steht für die vierte industrielle Revolution. Diese folgt auf den ersten Einsatz von Maschinen, den Übergang zur Massenproduktion und die Anfänge der Automation [Rot16]. Abb. 2.1 liefert eine anschauliche Übersicht mit den jeweiligen Erklärungen zu den Entwicklungsstufen.

Der Wettbewerbs- und Kostendruck im industriellen Umfeld ist in den vergangenen Jahren enorm gestiegen. Für die Produktion bedeutet das höhere Anforderungen bezüglich Geschwindigkeit, Qualität, Flexibilität, Innovationskraft, Individualisierung und Variantenvielfalt [Obe17].

In der Industrie 4.0 kommen softwarebasierte Anwendungen aus dem „Internet der Dinge" zum Einsatz und ermöglichen effizientere Produktionssysteme sowie neue Geschäftsmodelle. Technologien aus der Automatisierungs- und der Informationstechnik verschmelzen zunehmend miteinander und Cloud-Dienste realisieren die Kommunikation entlang der Wertschöpfungskette. Objekte aus der realen Welt werden mithilfe von Cyber-physischen Systemen echtzeitnah in digitalisierte Prozesse eingebunden, was zu einem immer stärkeren Vernetzungsgrad von Unternehmen führt [Wei19].

In einem gemeinsamen Projekt „Plattform Industrie 4.0" haben die drei großen deutschen Industrieverbände Bitkom, VDMA und ZVEI im Auftrag des Bundesministeriums die folgende Definition für Industrie 4.0 festgelegt:

J. Pistorius, *Industrie 4.0 – Schlüsseltechnologien für die Produktion*,
https://doi.org/10.1007/978-3-662-61580-5_2

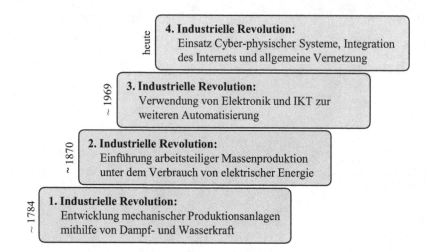

Abb. 2.1 Vier Stufen der industriellen Revolution. (Eigene Darstellung in Anlehnung an [DFK15], Onlinequelle)

„Der Begriff Industrie 4.0 steht für die vierte industrielle Revolution, einer neuen Stufe der Organisation und Steuerung der gesamten Wertschöpfungskette über den Lebenszyklus von Produkten. Dieser Zyklus orientiert sich an den zunehmend individualisierten Kundenwünschen und erstreckt sich von der Idee, dem Auftrag über die Entwicklung und Fertigung, die Auslieferung eines Produktes an den Endkunden […], einschließlich der damit verbundenen Dienstleistungen. […]" [Bit15]

Die Umsetzung von Industrie 4.0 basiert auf einem permanenten Zugang zu allen erforderlichen Informationen. Dazu ist eine Vernetzung möglichst aller Unternehmensprozesse notwendig. Die Entwicklung von übergreifenden, dynamischen Netzwerken zwischen Menschen, Systemen und Objekten lässt eine Optimierung der wertschöpfenden Aktivitäten anhand verschiedener Kriterien (z. B. Ressourcen, Kosten etc.) zu [Bit15]. Der zentrale Grund, warum Technologien aus dem Bereich 4.0 in Unternehmen zur Anwendung kommen, ist das große Potenzial bezüglich Produktivitätssteigerungen [BmWi15]. Zugleich ergeben sich Chancen bei der Produktionsüberwachung bzw. -steuerung und folglich eine verbesserte Produkt- und Prozessqualität. Der Datenaustausch profitiert, Produktentwicklungszeiten verkürzen sich und die Flexibilität der Betriebe steigt [Ste19]. Auf Prozessebene entstehen Vorteile durch automatisierte Informationsverarbeitung, übergreifende Systemverknüpfungen, optimierte Fehlervermeidung und eine erhöhte Transparenz der Abläufe. (siehe Abschn. 9.3).

Industrie 4.0 besitzt eine große strategische Bedeutung für die Erhaltung der Wettbewerbsfähigkeit deutscher Industrieunternehmen, sodass diese im Jahr 2018 durchschnittlich 5,9 % ihres Jahresumsatzes in neue Technologien investiert haben [EY18].

Literatur

[Bit15]   Bitkom e. V., VDMA e. V., ZVEI e. V.: Umsetzungsstrategie Industrie 4.0: Ergeb-
             nisbericht der Plattform Industrie 4.0, S. 8. https://www.its-owl.de/fileadmin/
             PDF/Industrie_4.0/2015-04-10_Umsetzungsstrategie_Industrie_4.0_Plattform_
             Industrie_4.0.pdf (2015). Zugegriffen: 3. Juli 2019

[BmWi15]   Bundesministerium für Wirtschaft und Energie: Industrie 4.0: Volks- und betriebs-
             wirtschaftliche Faktoren für den Standort Deutschland. Eine Studie im Rahmen der
             Begleitforschung zum Technologieprogramm, S. 8. BMWi, Berlin (2015)

[DFK15]   DFKI GmbH: Industrie 4.0: Das Internet der Dinge kommt in die Fabriken. https://
             www.dfki.de/wwdata/Zukunft_der_Indus-trie_IHK_Darmstadt_22_01_2015/ (2015).
             Zugegriffen: 3. Juli 2019

[EY18]   Ernst & Young GmbH: Industrie 4.0: Status Quo und Perspektiven. Ergebnisse
             einer repräsentativen Unternehmensbefragung in Deutschland und der Schweiz,
             S. 22. https://www.ey.com/Publication/vwLUAssets/ey-industrie-4-0-status-quo-
             und-perspektiven-dezember-2018/%24FILE/ey-industrie-4-0-status-quo-und-
             perspektiven-dezember-2018.pdf (2018). Zugegriffen: 4. Juli 2019

[Obe17]   Obermaier, R.: Industrie 4.0 als unternehmerische Gestaltungsaufgabe: Strategische
             und operative Handlungsfelder für Industriebetriebe. In: Obermaier, R. (Hrsg.)
             Industrie 4.0 als unternehmerische Gestaltungsaufgabe, 2. Aufl, S. 12. Springer
             Gabler, Wiesbaden (2017)

[Rot16]   Roth, A.: Industrie 4.0 – Hype oder Revolution? In: Roth, A. (Hrsg.) Einführung und
             Umsetzung von Industrie 4.0, S. 5. Springer Gabler, Wiesbaden (2016)

[Ste19]   Steven, M.: Industrie 4.0: Grundlagen – Teilbereiche – Perspektiven, S. 63. Kohl-
             hammer, Stuttgart (2019)

[Wei19]   Weissman, A., Wegerer, S.: Unternehmen 4.0: Wie Digitalisierung Unternehmen &
             Management verändern. In: Erner, M. (Hrsg.) Management 4.0 – Unternehmens-
             führung im digitalen Zeitalter, S. 67. Springer Gabler, Wiesbaden (2019)

[Win17]   Winkelhake, U.: Die digitale Transformation der Automobilindustrie: Treiber –
             Roadmap – Praxis, S. 63. Springer Vieweg, Wiesbaden (2017)

Internet der Dinge

3

Eine wichtige Grundlage von Industrie 4.0 ist das Internet der Dinge, im Englischen „Internet of Things" (IoT) genannt. Darunter versteht man die Verknüpfung von physischen Objekten aus der realen Welt mit einem Repräsentanten in der virtuellen Welt. Das Internet der Dinge stellt also eine Erweiterung des klassischen Internets dar, bei der sich Gegenstände beliebig in das universale Netz integrieren lassen [Ste19].

Jedes Objekt im IoT ist durch eine eigene Internetadresse identifizierbar und über das Netzwerk in der Lage, selbstständig mit anderen Teilnehmern zu interagieren. Im Produktionsumfeld können Unternehmen auf diese Weise vorhandene Maschinen, Fahrzeuge, Werkzeuge, Materialien, Werkstücke etc. vernetzen, um Prozesse intelligenter und effizienter zu gestalten. Es besteht damit die Möglichkeit, den Automatisierungsgrad zu erhöhen und neue Geschäftsmodelle zu entwickeln [Del16].

Aus dem „Monitoring Report 2018" des Bundesministeriums für Wirtschaft und Energie (BMWi) geht hervor, dass bereits 45 % der deutschen Industrieunternehmen das Internet der Dinge verwenden und bei weiteren zehn Prozent der Einsatz unmittelbar bevorsteht [BmWi18]. Das Internet der Dinge hält zunehmend Einzug in die Praxis, sodass Unternehmen u. a. Cyber-physische Systeme, Auto-ID-Systeme, Cloud Computing und Edge Computing gewinnbringend in ihre Prozesse integrieren. Die genannten vier Technologien werden im folgenden Teil detaillierter betrachtet.

Die Originalversion dieses Kapitels wurde revidiert. Die falsche alphanumerische Kodierung einiger Literaturangaben in dem Literaturverzeichnis wurde korrigiert. Ein Erratum ist verfügbar unter https://doi.org/10.1007/978-3-662-61580-5_10

3.1   Cyber-physische Systeme

Beschreibung Cyber-physische Systeme bzw. im Englischen Cyber-Physical Systems (CPS) gelten als Basisinnovation für die vierte industrielle Revolution. In Zukunft werden Unternehmen ihre Einrichtungen, Anlagen, Maschinen und Betriebsmittel mithilfe von CPS global vernetzen [For13]. Was genau versteht man unter diesen Systemen?

Auf Grundlage einer Studie der deutschen Akademie der Technikwissenschaften können CPS definiert werden als eingebettete Systeme, die

- durch Unterstützung von Sensoren physikalische Daten generieren und mittels Aktoren reale Vorgänge beeinflussen,
- Daten sichern als auch verarbeiten und daraus Handlungen ableiten,
- über Kommunikationsschnittstellen untereinander verbunden sind, egal ob lokal oder global sowie drahtlos oder drahtgebunden,
- bereitstehende Dienste und Daten ortsunabhängig nutzen und anbieten,
- unterschiedliche Möglichkeiten zur Kommunikation und Steuerung in Form von Mensch-Maschine-Schnittstellen zur Verfügung stellen [Gei12b].

Weitere grundlegende Eigenschaften lassen sich anhand fünf aufeinander aufbauender Dimensionen erklären. 1) Die physikalische und die virtuelle Welt verschmelzen durch fortschreitende Miniaturisierung, steigende Rechenleistung und rapide Entwicklung der Steuerungsinstrumente in der Informations- und Kommunikationstechnik (IKT). 2) CPS bilden abhängig von der Anwendungssituation einen temporären Verbund mit anderen Systemen oder Teilsystemen und können dadurch neue, erweiterte Funktionalitäten anbieten. 3) CPS besitzen die nützliche Fähigkeit, sich der Umgebung und Anwendung entsprechend situativ anzupassen, sodass sie teil- oder vollautonom und meist in Echtzeit handeln. 4) CPS sind kooperative Systeme, die normalerweise keine zentrale Kontrolle erfahren, sondern deren zielführendes Handeln vielmehr durch das Ergebnis vielfach interagierender Akteure bestimmt wird. 5) Durch das Zusammenspiel von Mensch und System entsteht eine Art Mensch-System-Kooperation, in der CPS lernen, sich an den Menschen anzupassen [Gei12a].

Beim Aufbau eines Cyber-Physical Systems spielen folgende Bestandteile (siehe Abb. 3.1) eine entscheidende Rolle. Ein CPS besteht zunächst grundlegend aus einem Verbund informatorischer, mechanischer und elektronischer Komponenten. Mehrere Schnittstellen sorgen dabei für die erforderliche Interaktion mit der Systemumgebung. Neben den Anschlüssen für die Energieversorgung ermöglichen Software- und Hardwarekomponenten den kommunikativen Austausch mit lokalen Netzen, der Cloud und dem Internet. Die Sensorik übernimmt das klassische Generieren von Daten aus der Umgebung, während Aktoren wiederum auf die Umgebung einwirken, indem sie bestimmte Signale in reale Vorgänge umsetzen. Für Steuerungs-, Kontroll- und Auswertungsaufgaben werden bei CPS zwangsläufig Prozessoren benötigt [Ste19, Luc17].

Im Rahmen von Industrie 4.0 spricht man von einer vertikalen und horizontalen Verknüpfung der CPS zu einer dynamischen, kostenoptimierten und flexiblen Produktion.

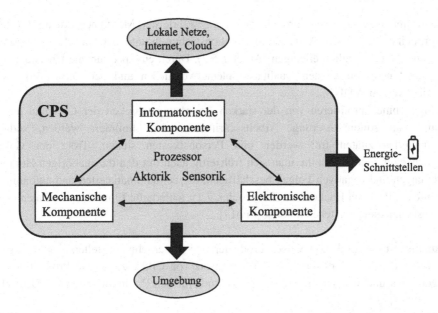

Abb. 3.1 Aufbau von Cyber-physischen Systemen. (Quelle: Eigene Darstellung in Anlehnung an [Ste19, Luc17])

Die horizontale Integration bedeutet eine Verknüpfung verschiedener IT-Systeme für die einzelnen Prozessschritte der Fertigung und die Geschäftsprozesse entlang der Supply-Chain, hin zu einem gemeinsamen Verbundsystem. Die vertikale Integration hingegen beschreibt die Integration der verschiedenen IT-Systeme auf den unterschiedlichen Hierarchieebenen (z. B. Steuerungsebene und Führungsebene) zu einer barrierefreien Lösung [Sch17].

Potenziale und wirtschaftlicher Nutzen Die Einführung von Cyber-physischen Systemen bringt ein breites Spektrum an Chancen mit sich. Der hohe Grad der Vernetzung sowie die große Menge relevanter Informationen erhöhen die Transparenz aller Abläufe in Echtzeit und ermöglichen es dem Management, bessere und schnellere Entscheidungen zu treffen. Vorgänge lassen sich mittels integrierter Komponenten genauestens steuern und sorgen für eine gesteigerte Prozesseffizienz und -qualität über das gesamte Netzwerk hinweg. Weitere positive Effekte werden durch die umfassende Kommunikation entlang der Wertschöpfungskette erzielt, indem sich die Planbarkeit aller zusammengehöriger Prozesse verbessert und sich Dienste dynamisch einbinden lassen [IKT15].

Produktionsvorgänge können durch den Einsatz von CPS deutlich flexibler gestaltet sowie Störungen schneller identifiziert und behoben werden. Gemeinsam mit optimierten Instandhaltungsprozessen (Abschn. 4.3) lässt sich die Maschinenauslastung erhöhen, die Produktivität steigern und Kosten senken [Hub18]. CPS ermöglichen es, die durch Änderungen im Umfeld steigende Komplexität in der Fertigung zu beherrschen, indem Prozesse hinreichend strukturiert und dokumentiert werden. Hinzu kommt das flexible Austauschen von Anlagenkomponenten, welches eine einfachere Anpassung an veränderte

Marktbedingungen oder neue Produktvarianten gewährleistet. Maschinenbediener können in Form einer erklärenden Assistenz informationstechnisch unterstützt werden, sodass sie ihre Aufgabe bestmöglich erledigen (Abschn. 5.2). Durch eine permanente Überwachung von Maschinendaten können Qualitätsprobleme vermieden und der Energieverbrauch optimiert werden [VDI13].

Unternehmen profitieren von der starken Anpassungsfähigkeit der CPS und deren Ausmaß an Automatisierung. Arbeitsschritte können eliminiert werden, sodass Mitarbeiterkapazitäten frei werden und Personalkosten sinken. Trotz der vielen Möglichkeiten von CPS sollte man sich frühzeitig auch mit den dazugehörigen Herausforderungen und negativen Folgen beschäftigen, die bei automatisierten und autonomen Abläufen z. B. durch Hackerangriffe (Abschn. 7.1), fehlerhafte Eingaben von Daten oder gar Systemausfälle entstehen können [Lub17].

Aktueller Stand und Use Cases Produzierende Unternehmen stellen das Rückgrat der deutschen Wirtschaft dar. Durch den Einsatz von CPS erzielen sie Produktivitätssteigerungen und sichern so indirekt die Zukunft für den Produktionsstandort Deutschland [Bür17].

Die Notwendigkeit der Vernetzung und Steuerung verschiedenster Devices mittels CPS wird durch eine Studie von Juniper Research verdeutlicht. Diese fand heraus, dass die Anzahl an Sensoren und Geräten, die im Rahmen des Internet of Things verbunden sind, von geschätzten 21 Mrd. im Jahr 2018 auf über 50 Mrd. im Jahr 2022 ansteigen wird. Das entspricht einem beachtlichen Wachstum von etwa 140 % [Jun18].

Der Bildungsdienstleister *Festo Didactic* hat mit der „CP Factory" eine cyber-physische Lernfabrik aufgebaut, in der Lösungen für das Zusammenspiel von verknüpften Anlagen und der vertikalen Vernetzung der Produktion präsentiert werden. Die Fabrik 4.0 umfasst einzelne modulare Zellen, die für individuelle Produktionssituationen konfiguriert sind und ihre Prozessdaten an übergeordnete IT-Systeme (ERP, MES) kommunizieren. Die Module lassen sich nach dem Plug & Play-Prinzip anschließen und führen ihre Aufgaben nach der Installation autonom aus [Fes15].

Das Motorenwerk von *Siemens* in Bad Neustadt gilt als Vorzeigefabrik für Digitalisierung. Cyber-physische Systeme kommen hier bei der Erweiterung von Maschinen durch IT-Anwendungen zum Einsatz. Werkstücke werden von den Maschinen bearbeitet und danach elektronisch vermessen. Nach dem Closed-Loop-Prinzip werden die Messwerte verwendet, um definierte Parameter in der Maschine bei Bedarf automatisch zu korrigieren und damit Prozessabweichungen zu vermeiden. (siehe Abschn. 9.2)

Auch *Daimler* widmet sich aus Effizienzgründen frühzeitig der Digitalisierung der Wertschöpfungskette. Bei dem Konzern werden bspw. Fahrzeugteile in der Produktion mit RFID-Chips ausgestattet und können so auftragsbezogene Daten kontaktlos an die Arbeitsstationen weitergeben. Die Maschinen bzw. Roboter führen die Arbeitsschritte mithilfe des CPS selbstständig aus. Die Kontrolle der Arbeitsschritte erfolgt über einen automatischen Soll-/Ist-Vergleich der rückgemeldeten Informationen [Sta16].

3.2   Auto-ID und Lokalisierung

Beschreibung Die automatische Identifizierung (Auto-ID) sowie genaue Standort-bestimmung von Objekten in Echtzeit ist eine weitere Schlüsseltechnologie in der Industrie 4.0. Für den Einsatz von Cyber-physischen Systemen (siehe vorheriges Kapitel) bedarf es einer klaren Durchgängigkeit der Daten innerhalb des eigenen Unter-nehmens als auch zu externen Partnern, Lieferanten und Kunden. Diese Durchgängigkeit kann durch entsprechende Auto-ID-Systeme erreicht werden [Büt14].

Unter Auto-ID versteht man diverse Verfahren, die zur eindeutigen Identifizierung von Objekten und zur Erhebung sowie Übertragung der entsprechenden Daten dienen. Mithilfe dieser Identifikation kann jeder Komponente eine virtuelle Repräsentation zugeordnet werden. Über die Jahre hat sich eine Vielzahl an Auto-ID-Technologien ent-wickelt, die sich neben verschiedenen Einsatzmöglichkeiten hauptsächlich in puncto Leistungsfähigkeit und Kosten unterscheiden. Die drei gängigsten Systeme sind 1D-Barcodes, 2D-Matrix-Codes und die Radiofrequenzidentifikation (RFID) (siehe Abb. 3.2). Sie dienen in der Regel zur Implementierung eines Produktgedächtnisses oder der Verbindung von Informations- und Materialflüssen [Gor17].

Bei Barcodes, QR- sowie Data-Matrix-Codes handelt es sich um optische Systeme, die auf ein Lesegerät oder eine Kamera zurückgreifen, um die Informationen bei Sicht-kontakt mit dem Informationsträger aufzunehmen. Barcodes oder häufig auch Strich-codes genannt, basieren auf parallel verlaufenden Balken und Leerstellen, die von Start- und Stoppzeichen begrenzt werden. Eine Weiterentwicklung sind 2D-Codes, die eine höhere Speicherkapazität aufweisen und weniger fehleranfällig sind. QR- und Data-Matrix-Codes werden im Vergleich zu den Strichcodes in Form einer Fläche über zwei Dimensionen codiert [FraOJ].

Eine weitere Möglichkeit für die erfolgreiche Identifikation von Objekten ist die RFID-Technologie, auf der das Hauptaugenmerk in diesem Kapitel gerichtet ist. Für die kontaktlose Funkübertragung per RFID benötigt man prinzipiell einen Transponder (Funketikett) und einen Reader (Schreib-/Lesegerät). Über die Antenne des Readers wird ein Signal in die Umgebung ausgesendet, welches umliegende Transponder erreicht und eine automatische Antwort in diesen auslöst. In Folge erzeugt der Transponder eine

Abb. 3.2 Vorrangige Auto-ID-Systeme. (Quelle: Eigene Darstellung)

Abschwächung oder systematische Reflektion des Magnetfelds, um so eigene Daten an den Reader zu übertragen [Lie17].

Bei den RFID-Systemen unterscheidet man generell aktive und passive Varianten, variierende Speichergrößen sowie verschiedene Frequenzbereiche. Meistens werden passive Transponder eingesetzt, die das vom Reader bereits erzeugte elektromagnetische Feld als Energiequelle nutzen, wohingegen die aktive Modifikation extra mit Strom versorgt wird. Bezogen auf die Frequenz werden üblicherweise HF- oder UHF-Transponder benutzt. Die Größe des Speichers liegt in der Regel zwischen einem Bit und mehreren Kilobytes [Gor17].

Neben der Identifizierung von Daten spielt die Lokalisierung von Objekten in der Produktion und Logistik der Zukunft eine große Rolle. RFID-Anwendungen bieten unterschiedliche Möglichkeiten, um die Position der Transponder bzw. Objekte live bestimmen zu können [Lie17]. Im Vergleich zu den vorher genannten Auto-ID-Systemen haben RFID-Chips den Vorteil, dass für die Erkennung kein Sichtkontakt vorhanden sein muss, da die Informationen über Funkwellen übertragen werden. Ein wichtiger zusätzlicher Aspekt im Kontext von Industrie 4.0 ist, dass RFID-Transponder über einen eigenen Speicherplatz verfügen und so Daten von außen auf das Werkstück übertragen und anschließend wieder ausgelesen werden können [Den17].

Potenziale und wirtschaftlicher Nutzen Aufgrund der Eigenschaften der RFID-Technologie ergeben sich unterschiedliche Anwendungsmöglichkeiten und entsprechende Benefits.

Ein zentraler Bereich, der davon profitiert, ist die Logistik. Mit RFID-Systemen kann man z. B. im Wareneingang eine große Anzahl an Objekten im Pulk erfassen, wodurch im Vergleich zum konventionellen Scannen jedes einzelnen Barcodes eine erhebliche Zeitersparnis entsteht. Auf Lieferantenseite entfällt dadurch der Aufwand für die sorgfältige Etikettierung der Waren. Ein weiterer Nutzen entsteht in Bezug auf das Behältermanagement. Hier lässt sich mittels RFID-Technik zu jedem Zeitpunkt zuverlässig nachvollziehen, welcher Behälter sich gerade wo befindet. Durch das Tracking entlang der Lieferkette lassen sich Informationen über Durchlauf- und Aufenthaltszeiten gewinnen, ineffiziente Prozesse identifizieren und optimieren. In Verbindung mit gekoppelter Sensorik können Transponder außerdem nützliche Daten über Zustandsparameter wie bspw. Temperatur oder Druck sammeln. Die Ermittlung von Positionsdaten mobiler Maschinen und Objekte über RFID-Lokalisierung ermöglicht ferner die Implementierung intelligenter Anwendungen [Lie17].

Im Rahmen von Industrie 4.0 ist das Speichern und Abrufen von Informationen durch den Einsatz der Transponder eine Möglichkeit, Produkte mit Intelligenz auszustatten [Lie17]. Beim Einsatz von RFID gelingt ein dezentraler Ansatz, bei dem die Teile selbst den Produktionsprozess steuern. Das Ausgangsbauteil wird per RFID-Tag mit einem digitalen Produktgedächtnis (entsprechend der gewünschten Kundenbestellung) versehen und verfügt so über sämtliche Daten, die anschließend an jeder einzelnen Station ausgelesen werden können [Wey17].

Auto-ID und insbesondere RFID legen den Grundstein für Produktivitätssteigerungen und ermöglichen die wirtschaftliche Fertigung bis hin zur Losgröße eins. Bei Wartung und Instandhaltung spart die unmittelbare Einsicht von Daten über den Transponder Zeit, indem bspw. Mitarbeiter direkt an der Maschine in der Lage sind, dem Hersteller die Nummer eines Ersatzteils durchzugeben. Die Identifizierung von Produkten per RFID spielt auch eine beachtliche Rolle im Kampf gegen Produktfälschungen [Hän17].

Ein enormes Potenzial wird der Technologie auch in Sachen Qualitätsverbesserung und Fehlerreduzierung zugeschrieben. Grund dafür ist die Nachverfolgbarkeit der Prozessschritte durch Speicherung der Informationen auf dem Transponder und das Ersetzen von manuellen Scanvorgängen durch weniger fehleranfällige, automatisierte Lösungen [eBu15].

Aktueller Stand und Use Cases Der Anstieg der weltweit erzielten Umsätze mit RFID sowie die Anzahl der global eingesetzten Transponder unterstreichen den Stellenwert der Technologie. Während die Umsätze im Jahr 2010 noch bei 5,6 Mrd. US-Dollar lagen, prognostiziert eine finnische Statistik einen Wert von knapp 22 Mrd. US-Dollar für 2022. In Bezug auf die Zahl an Transpondern, die man 2010 noch auf 2,4 Mrd. schätzte, erwartet man bis 2022 eine Verfünfzigfachung der Tags auf 125 Mrd. Stück [Uni13].

Eine Studie der Auburn University aus dem Jahr 2018 fand heraus, dass Unternehmen nach Einführung der RFID-Technologie ihre Bestandsgenauigkeit von 63 % auf 95 % steigern und die Out-of-Stock-Rate um 50 % senken konnten. Noch viel erstaunlicher ist dabei die Bestellgenauigkeit der Aufträge, die danach bei unglaublichen 99,9 % lag, was nahezu fehlerfrei bedeutet [Aub18].

Das *Mercedes Benz* Werk in Ludwigsfelde ist ein Paradebeispiel für die erfolgreiche Anwendung von RFID. Auf dem Weg zur Fabrik der Zukunft wurde dort werksübergreifend RFID-Technologie eingeführt, um der hohen Nachfrage an Autos mit noch mehr Effizienz und Flexibilität zu begegnen. Die Mitarbeiter sind jederzeit über den aktuellen Lagerbestand informiert und können so Verzögerungen frühzeitig erkennen und darauf reagieren. Beim Einbau von Teilen in die Autos werden diese automatisch und kontaktlos auf dem RFID-Tag gespeichert, sodass sich über die gesamte Montage hinweg automatisiert prüfen lässt, ob die jeweils richtigen Teile in der Fahrzeugvariante verbaut sind. Die Mitarbeiter werden durch den RFID-Einsatz zudem von einigen Routineaufgaben der Dokumentation befreit, was ihnen mehr Zeit bringt, um anderen Tätigkeiten nachzugehen. Bei Mercedes setzt man mit Erfolg auch fahrerlose Transportsysteme ein, die auf der Basis von RFID-Technik kommunizieren [Dai18].

3.3 Cloud Computing

Beschreibung Unter Cloud Computing versteht man eine Basis-Technologie von Industrie 4.0, die es ermöglicht, Computersysteme zu vernetzen und in Form von IT-Ressourcen flexibel und bedarfsgesteuert über das Internet bereitzustellen. Unternehmen profitieren,

indem sie als Nutzer auf individuell zugeschnittene Cloud-Anwendungen zurückgreifen
können, ohne diese auf lokalen Rechnern installieren zu müssen [Mel11].

Bei den Cloud-Services unterscheidet man in der Regel zwischen drei Service-
modellen (siehe Abb. 3.3 links), die wie folgt charakterisiert werden [Dzo17]:

Infrastructure as a Service (IaaS): Bietet Unternehmen die Möglichkeit Server,
Speicher und Netzwerkinfrastruktur von Cloudanbietern zu beziehen. Anstatt
IT-Hardware zu beschaffen, lässt sich so auf virtualisierte Ressourcen zurückgreifen.

Platform as a Service (PaaS): Der Dienstleister stellt eine komplette Umgebung
bereit, sodass Unternehmen benutzerdefinierte Anwendungen auf dieser Plattform entwickeln und ausführen können. Dabei wird über eine sichere Schnittstelle zugegriffen
und es entfällt der Aufwand für die Pflege der Plattform.

Software as a Service (SaaS): SaaS-Kunden können gezielt Software-Dienste eines
Cloudproviders über das Internet nutzen. Im Vergleich zum klassischen Erwerb dauerhafter Lizenzpakete nutzen Unternehmen Anwendungen on demand und profitieren
davon, dass der Dienstleister die Wartung als auch Administration übernimmt.

Eine weitere Differenzierung erfolgt beim Cloud Computing hinsichtlich der
Organisationsform (siehe Abb. 3.3 rechts). Die *Public Cloud* bezeichnet hierbei ein
Modell, bei dem die breite Öffentlichkeit Zugang zu abstrahierten Cloud-Anwendungen
erhält. Der Provider bestimmt die notwendige Infrastruktur und rechnet mit seinen
Nutzern nach dem Pay-as-you-go-Prinzip ab. Bei der *Private Cloud* handelt es sich um
Lösungen, die von Organisationen selbst betrieben werden und damit nur für eigene
Mitarbeiter, Kunden und Geschäftspartner zugänglich sind. Unter der *Hybrid Cloud*
versteht man eine Mischform, die den Nutzern Zugang zu Public- als auch Private
Cloud-Strukturen bietet, je nach Bedürfnis und Vertraulichkeit der Daten [BDI13].
Als einen weiteren Typ bezeichnet man die *Community Cloud,* welche durch den
Zusammenschluss mehrerer privater Clouds gekennzeichnet ist. Unternehmen nutzen
diese Cloud gemeinsam zum Beispiel aufgrund von übereinstimmenden Interessen oder
vergleichbaren Anforderungen [Sho15].

Cloud Computing als Mittel zur Vernetzung von verteilten Komponenten spielt im
Kontext von Industrie 4.0. eine zentrale Rolle. Über das Internet können die erhobenen
Daten sämtlicher standardisierter Schnittstellen, beispielsweise von Produktionsanlagen,
zentral in der Cloud gespeichert und ausgewertet werden. Das Besondere an der Cloud
ist, dass die dort bereitgestellten Daten und Services physikalisch verteilt gespeichert
sind, aber für ihre Nutzer über einen einzigen Eintrittspunkt erreichbar bleiben. Dadurch
stehen diese sowohl orts- als auch geräteunabhängig und mit einer hohen Verfügbarkeit
bereit [Fal14].

Abb. 3.3 Angebotsmodelle
des Cloud Computings.
(Quelle: Eigene Darstellung)

Potenziale und wirtschaftlicher Nutzen Für Unternehmen eignet sich der Einsatz von Cloud Computing in vielerlei Hinsicht und bringt großes Kosteneinsparungspotenzial mit sich.

Anwender profitieren von der flexiblen Nutzung und Bezahlung der Dienste, je nach individuellem Bedarf und entsprechenden Anpassungen des Leistungsumfangs in Bezug auf Konjunkturschwankungen. Unternehmen müssen so keine kostenintensive IT-Infrastruktur mit dauerhafter Bindung vorhalten, die dann unter Umständen nur zeitweise im Einsatz ist. Auch kleinere Unternehmen haben so die Chance auf einen individuellen Abruf professioneller Ressourcen, die bei eigener Anschaffung in der Regel nicht möglich wären [Fab19]. Die externe Administration durch einen Dienstleister bedeutet zugleich noch Kostenvorteile bezüglich der Pflege und Wartung der Cloud-Dienste. Der Bundesverband für Deutsche Industrie kommt zu dem Ergebnis, dass beim Einsatz von Cloud Computing die IT-Kosten um rund 50 % und die Organisationskosten um 20 % gesenkt werden können [BDI13].

Dank flexibler Cloud-Lösungen lassen sich neue Geschäftsmodelle oft schneller realisieren, da IT-Ressourcen leichter an zukünftigen Anforderungen ausrichtbar sind. Darüber hinaus können alle Partner des Wertschöpfungsprozesses einfacher integriert werden, was einen positiven Effekt auf die Innovationsfähigkeit hat. Personen mit Zugriffsberechtigung kommen zum Beispiel aus Entwicklung, Fertigung, Logistik, Vertrieb, Marketing und Service [BDI13].

Neue Möglichkeiten eröffnen sich auch hinsichtlich des Produktionsumfelds von Industrie 4.0. Die Menge an Informationen in der Cloud führt zu immer mehr Wissen und lässt sich mittels Mustererkennung und Datenanalyse für die Prozessüberwachung und Qualitätskontrolle in der Produktion nutzen. Mit bereitgestellter Rechenleistung und der passenden Architektur kann außerdem die Steuerung von Maschinen und Anlagen über die Cloud erfolgen [Krü17].

Die Cloud-Dienste sind in der Regel so konzipiert, dass sie eine hohe Ausfallsicherheit vorweisen und im Notfall sehr schnell auf Fehler oder Ausfälle einzelner Komponenten reagieren können. Diese Reaktion erfolgt zumeist vollautomatisiert und verhindert zum Beispiel, dass Schäden an Maschinen entstehen [Fal14].

Als eine der größten Herausforderungen bei der Anwendung einer Cloud gilt die absolute Sicherheit der Daten. Bei der Wahl eines Cloudproviders muss dieser ausführlich geprüft werden und zudem sollten vertragliche sowie rechtliche Zusicherungen eingefordert werden. Zu den kritischen Erfolgsfaktoren gehören die Verfügbarkeit und die Performance der Dienste, als auch die Möglichkeit, zu einem anderen Clouddienstleister wechseln zu können [BDI13].

Aktueller Stand und Use Cases Cloud Computing ist in Deutschland weiter auf dem Vormarsch. Die Studie „Cloud Monitor 2018" von Bitkom Research im Auftrag der KPMG fand heraus, dass bereits zwei Drittel der deutschen Unternehmen Cloud-Anwendungen einsetzen und weitere 21 % einen Einstieg vorbereiten. Im Jahr 2014 lag der relative Wert an Unternehmen, die eine Cloud verwenden, noch bei 44 %.

Unter den Unternehmen, die im Jahr 2017 die Cloud-Technologie einsetzten, nutzten ca.
50 % Private Cloud-Dienste und ungefähr 30 % Public Cloud-Dienste [KPMG18].

Eine veröffentlichte Studie der Clairfield International aus dem Sommer 2017 gibt
Auskunft über den Verlauf der Umsätze, die in Deutschland mit Cloud Computing im
B2B-Bereich gemacht wurden. Vom Jahr 2015 auf 2016 wurde eine große Steigerung
des Umsatzwachstums von 9,1 auf 12,2 Mrd. EUR erzielt. Bis zum Jahr 2020 rechnet
man mit einer satten Verdoppelung dieses Wertes auf 22,5 Mrd. EUR [Cla17]. Was den
Einsatz der Cloud angeht, sind die beliebtesten Nutzungsgründe das Speichern von
Daten, das Senden/Empfangen von Emails und der Betrieb von Office-Anwendungen, so
das Ergebnis einer groß angelegten Unternehmensbefragung [StB18].

Ein aktueller Use Case der *Continental AG* verdeutlicht den Stellenwert der Technologie und zeigt, dass sich Einsatz und Weiterentwicklung der Cloud lohnen. Der Auto-
mobilzulieferer ließ sich seine Private Cloud von der Telekom-Tochter *T-Systems*
zu einer Hybrid Cloud ausbauen. Mit dieser neuen Architektur können dynamische
SAP- und Non-SAP-Services wahlweise aus der Public oder Private Cloud bezogen
werden. Als Nutzen steht dabei die Kosteneffizienz im Mittelpunkt in Verbindung mit
der Möglichkeit, Innovationen einfacher zu testen und falls erwünscht in den laufenden
Betrieb mit aufzunehmen [TSY19].

Der Daxkonzern *BMW* hat früh begonnen, eine eigene Private Cloud zu entwickeln
und diese im Jahr 2012 eingeführt. Ziel war es, eine interne Infrastruktur für ein auto-
matisches Prozessmanagement zu schaffen, Geschäftsausfallzeiten zu minimieren und
unabhängiger von Anwendungen bzw. Geräten zu werden. Probleme rund um das Thema
Datensicherheit und Integrationsdefizite ließen sich so beheben [Wit13].

3.4   Edge Computing

Beschreibung Im letzten Kapitel wurde erkennbar, welche erfolgsversprechenden Vorteile bei einer Zentralisierung mit der Cloud entstehen. Der große Trend um das Internet
der Dinge, mit der Vernetzung von Geräten jeglicher Art, macht in vielen Fällen auch
eine gewisse Dezentralisierung erforderlich. Die Technologie, die hier weiterhelfen soll,
ist das sogenannte Edge Computing [Mun17].

Vorstandsmitglied und Chief Technical Officer der SAP SE, Bernd Leukert, äußerte
sich folgendermaßen zu dem Paradigmenwechsel:

„Bringe die Algorithmen zu den Daten, nicht die Daten zu den Algorithmen [Sch17]."

Beim Edge Computing geht es darum, die Grenze der zu bewältigenden Computing-
Aufgaben weg von zentralen Knoten und Rechenzentren hin zu den Extremen des Netzwerks,
wo die Daten entstehen, zu verschieben. Zur Wissenserzeugung und Datenanalyse nahe der
Datenquelle bedarf es mehrerer informationstechnischer Komponenten [Bit18].

Die *erste Komponente* umfasst einen Geräteadapter, der gerätespezifische Protokolle in standardisierte Protokolle umwandeln kann, falls nicht bereits standardisierte Schnittstellen zur Geräteverwaltung und Datenkommunikation implementiert sind. Die *zweite Komponente* entspricht einem Netzwerkmodul, das die Verbindung zur Cloud herstellt und somit Server, Storage und Services zur Verfügung stellt. Bei der *dritten Komponente* handelt es sich schließlich um Datenprozessoren, die den Geräten Rechenleistung zur Vorverarbeitung lokaler Daten bereitstellen [Kub17].

Zur Anwendung von Edge Computing werden im Normalfall entweder Geräte eigens mit diesen Komponenten ausgestattet oder ein Edge Gateway bzw. Controller in der Nähe installiert, um beabsichtigte Edge-Funktionen zu ermöglichen [Mun17].

Für den Einsatz von Edge Computing gibt es einige Gründe, die sich aus den gegebenen Eigenschaften ableiten lassen. Ein wichtiges Plus der Technologie ist, dass sie Maschinenprotokolle IP-fähig machen kann, indem das Edge Processing quasi eine Brücke zu einem Backend in der Cloud oder im Gerät schlägt. Wie bereits erwähnt, besteht zudem die Möglichkeit, Daten lokal zu verarbeiten. Die entsprechende Edge-Infrastruktur sorgt dafür, dass Informationen beliebig lange in lokaler Analytik und lokalen Speichermedien zwischengespeichert werden können. Die Entscheidung, welche Daten anschließend in die Cloud weitergesendet werden, erfolgt nach einmaliger Festlegung automatisiert und ist jederzeit veränderbar [Bat17].

Eine interessante und für die Zukunft definitiv wertvolle Qualität von Edge Computing ist die schnelle Echtzeitübertragung. Durch die Nähe zu den Endgeräten sind die Kommunikationswege kurz und die Latenzzeiten sehr gering [Mar19]. Bei zunehmender Anzahl der Geräte steigt die Verzögerungszeit beim Cloud Computing im Vergleich zum Edge Computing deutlich extremer an (siehe Abb. 3.4).

Im Zuge des Dezentralisierungs-Trends brachte das Unternehmen Cisco den Begriff Fog Computing ins Spiel. Darunter versteht man eine dezentrale Infrastruktur zur Datenverarbeitung, die zwischen der Edge-Datenquelle und der Cloud angesiedelt ist. Der Unterschied zum Edge Computing besteht lediglich darin, dass man sich beim Fog Computing nicht direkt bei den kleinsten Devices, sondern eine Ebene höher bei den nächst größeren Geräten befindet [Rie18].

Potenziale und wirtschaftlicher Nutzen Bei der Anwendung von Edge-Technologie entsteht eine Vielzahl von Chancen für Unternehmen, sowohl auf der Prozessebene als auch im wirtschaftlichen Sinne.

Vorteile entstehen durch Edge Computing bei bereits vorhandenen Produktionsanlagen, sogenannten Brownfield-Anlagen. Dieser Umstand verhindert es größere Änderungen an Geräten vorzunehmen, die an der Produktion beteiligt sind und dadurch beeinträchtigt werden können. Hier kommen Edge Gateways ins Spiel, welche einfach und schnell installierbar sind und es ermöglichen, Daten aus bestehenden Schnittstellen zu erfassen und an zuständige Cloud-Plattformen weiterzuleiten. Die Anzahl der Edge Devices kann ohne Probleme vergrößert werden und vereinfacht darüber hinaus die Virtualisierung [Mun17].

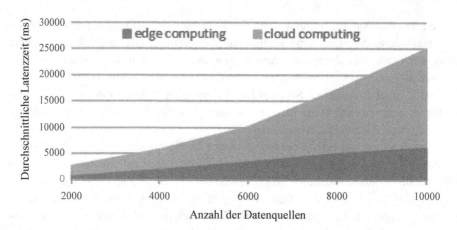

Abb. 3.4 Vergleich der Latenzzeiten in einem experimentellen Aufbau. (Quelle: Zhu und Liu [Zhu18], bearbeitet von J.Pistorius)

Ein weiterer erwähnenswerter Punkt ist, dass eine vorübergehende Speicherung „on Edge" bei unvorhersehbaren Verbindungsproblemen der Cloud den Vorteil hat, dass die lokale Steuerung und Analyse der Daten fortgesetzt wird und so den normalen Betrieb der Anlagen sicherstellt [Bat17]. Das Gleiche gilt etwa für Daten, bei denen es Unternehmen aus regulatorischen oder Sicherheitsgründen vorziehen, diese nicht an die Cloud weiterzuleiten [Hüb17]. Die Edge stellt zudem eine Lösung für Unternehmen dar, die lediglich über Niedrignetzwerke verfügen. Hier übersteigt das örtlich erzeugte Datenvolumen etwa die erforderliche Verarbeitungsmenge für zentrale Anwendungen und andere ankomme Datenströme, sodass Cloud-Dienste nicht vernünftig bereitgestellt werden können [Sch17].

Durch die Anwendung von Edge Computing werden Maschinen als auch Geräte autonomer und smarter, was die Flexibilität und Reaktionsgeschwindigkeit erhöht. Hinzukommt, dass neue und zugleich nützliche Anwendungen, wie zum Beispiel die Maschine-zu-Maschine-Kommunikation effektiver werden [Hüb17]. Ein häufig unterschätzter Aspekt ist, dass man durch die Einbindung von Datenspeicherung und Datenverarbeitung in Industrieanlagen eine Vielzahl an Übertragungswege entlasten und darüber hinaus Cloud-Speicherplatz, Services und damit verbundene Kosten einsparen kann [Cer18].

Aktueller Stand und Use Cases Edge Computing sollte keinesfalls als eine Art Ersatz für vorhandene Netzwerkarchitektur verstanden werden, sondern stellt viel mehr eine sinnvolle Erweiterung dar. Eine oft beschriebene Lösung für das effiziente Zusammenspiel von Cloud und Edge Computing sieht wie folgt aus: An der Edge bzw. an den Endgeräten werden Daten aggregiert und vorbearbeitet, bevor sie dann in die zentrale Cloud wandern, wo sie dauerhaft gespeichert und weiterverarbeitet werden (siehe Abschn. 9.2).

Die *Siemens AG* sieht in Edge Computing enormes Potenzial für die Fertigung und hat auf der Hannover Messe 2018 das Konzept für ihr Projekt „Siemens Industrial Edge" vorgestellt. Mittlerweile vertreibt das Unternehmen mit Simatic IPC227E eine fertige Hardware-Komponente. Das Gerät ist von einem robusten Metallgehäuse umgeben und dient der Erfassung und Verarbeitung von Daten in Maschinennähe. Es wird direkt an die Maschine angeschlossen und kann mittels der vorinstallierten Software einfach in Betrieb genommen werden. Sogenannte Edge-Apps sorgen für individuelle sowie vielfältige Anwendungen und werden zentral über ein Edge Management-System verwaltet und aktualisiert. Das Edge-Device ermöglicht einen flexiblen Transfer der Daten in die Cloud und zu anderen beteiligten Systemen. Siemens hat das Gerät über längeren Zeitraum in seinem Fertigungswerk für Elektronik in Amberg getestet. Mithilfe von Echtzeitdatenanalysen konnten dort beispielsweise wiederkehrende Maschinenausfälle rechtzeitig erkannt, analysiert und eliminiert werden [Kno18].

Eine spannende Initiative in Sachen Edge Computing bahnt sich im Rahmen des *Edge Computing Consortium Europe* kurz *ECCE* an. Achtzehn internationale Unternehmen, darunter Branchengrößen wie Huawei, IBM und KUKA, haben eine Kooperationsvereinbarung unterschrieben, die dazu dienen soll, dass Edge-Computing eine ausreichende Standardisierung erfährt und geeignete Referenzmodelle definiert werden können. Die Unternehmen teilen die Auffassung, dass in fünf Jahren bis zu drei Viertel aller Unternehmensdaten außerhalb von Rechenzentren bzw. Cloud-Diensten erfasst und verarbeitet werden. Analystenschätzungen zur Folge wird der weltweite Markt für Edge Computing bis zum Jahr 2023 um mehr als 80 % wachsen [Eck19].

Literatur

[Aub18]   Auburn University: „Project Zipper": EPC-Enabled Item-Level RFID Supply Chain Brand/ Retailer Data Exchange Study, S. 5–27. https://cdn2.hubspot.net/ hubfs/469262/AuburnEPCEnabledItemLevelRFIDDataExchangeZipperPaper-1. pdf?t=1543352900849 (2018). Zugegriffen: 23. Apr. 2019

[Bat17]   Bates, J.: Das Internet der Dinge im industriellen Kontext aus US-amerikanischer Sicht. In: Lucks, K. (Hrsg.) Praxishandbuch Industrie 4.0, S. 35. Schäffer-Poeschel, Stuttgart (2017)

[Bit18]   Bitkom e. V.: Technologie Trends: Server, Speicher, Netzwerk, S. 4. https://www.
            bitkom.org/sites/default/files/2018-12/181212_LF_Technology_Trends%20
            %283%29.pdf (2018). Zugegriffen: 12.07.2019

[BDI13]   Bundesverband der Deutschen Industrie e. V.: Cloud Computing Wertschöpfung in
            der digitalen Transformation: BDI Leitfaden – Die Industrie auf dem Weg in die
            „Rechnerwolke", S. 9, 10, 12. Industrie-Förderung GmbH, Berlin (2013)

[BmWi18]   Bundesministerium für Wirtschaft und Energie: Monitoring-Report Wirtschaft
            DIGITAL 2018, S. 40. BMWi, Berlin (2018)

[Bür17]   Bürger, T., Tragl, K.: SPS-Automatisierung mit den Technologien der IT-Welt ver-
            binden. In: Vogel-Heuser, B., Bauernhansl, T., ten Hompel, M. (Hrsg.) Handbuch
            Industrie 4.0, Bd. 1, 2. Aufl, S. 215. Springer Vieweg, Wiesbaden (2017)

[Büt14]   Büttner, K.-H., Brück, U.: Use Case Industrie 4.0-Fertigung im Siemens Elektronik-
            werk Amberg. In: Bauernhansl, T., ten Hompel, M., Vogel-Heuser, B. (Hrsg.)
            Industrie 4.0 in Produktion, Automatisierung und Logistik, S. 122. Springer Vieweg,
            Wiesbaden (2014)

[Cer18]   Cernavin, O., Lemme, G.: Technologische Dimensionen der 4.0-Prozesse. In:
            Cernavin, O., Schröter, W., Stowasser, S. (Hrsg.) Prävention 4.0, S. 32. Springer,
            Wiesbaden (2018)

[Cla17]   Clairfield International: Umsatz mit Cloud Computing im B2B-Bereich in Deutsch-
            land in den Jahren 2015 und 2016 und Prognose für 2020 (in Milliarden Euro),
            Statista. https://de.statista.com/statistik/daten/studie/165388/umfrage/prognose-zum-
            umsatz-mit-cloud-computing/ (2017). Zugegriffen: 17. März 2019

[Dai18]   Daimler, A.G.: Digitalisierte Fertigung entlastet Mitarbeiter: Intelligente, voll-
            ständig vernetzte Produktion für den neuen „Sprinter". Zeitschrift: VDI-Z Integrierte
            Produktion **2018**(5), 70–71 (2018)

[Del16]   Deloitte GmbH: Industrielles Internet der Dinge und die Rolle von Tele-
            kommunikationsunternehmen. Hype oder vernetzte Revolution? S. 4. https://
            www2.deloitte.com/content/dam/Deloitte/de/Documents/technology-media-
            telecommunications/Deloitte_TMT_Industrielles%20Internet%20der%20Dinge.pdf
            (2016). Zugrgriffen: 27. Juli 2019

[Den17]   Denkena, B., et al.: Das gentelligente Werkstück. In: Reinhart, G. (Hrsg.) Handbuch
            Industrie 4.0, S. 297–298. Hanser, München (2017)

[Dzo17]   Dzombeta, S., Kalender, A., Schmidt, S.: Datensicherheit bei Smart Devices und
            Cloud-Sicherheit und Datenschutz im Cloud Computing. In: Schulz, T. (Hrsg.)
            Industrie 4.0, S. 282. Vogel Business Media, Würzburg (2017)

[eBu15]   eBusiness-Lotse Südbrandenburg: AutoID Technologien: Was ist gemeint? Was ist
            möglich? Was ist der beste Weg? https://www.ebusinesslotse-suedbrandenburg.de/
            ancedis/content/documents/Broschueren/Grundlagen_AutoID_Technologien.pdf
            (2015). Zugegriffen: 23. Apr. 2019

[Eck19]   Eckstein, M.: Edge Computing: Neues europäisches Konsortium will Standard-
            Plattform für Industrie 4.0 entwickeln. https://www.elektronikpraxis.vogel.de/
            edge-computing-neues-europaeisches-konsortium-will-standard-plattform-fuer-
            industrie-40-entwickeln-a-788639/ (2019). Zugegriffen: 2. Apr 2019

[Fab19]   Faber, O.: Digitalisierung – ein Megatrend: Treiber & Technologische Grundlagen.
            In: Erner, M. (Hrsg.) Management 4.0 – Unternehmensführung im digitalen Zeit-
            alter, S. 19–20. Springer Gabler, Wiesbaden (2019)

[Fal14]   Fallenbeck, N., Eckert, C.: IT-Sicherheit und Cloud Computing. In: Bauernhansl,
            T., ten Hompel, M., Vogel-Heuser, B. (Hrsg.) Industrie 4.0 in Produktion, Auto-
            matisierung und Logistik, S. 401–402. Springer Vieweg, Wiesbaden (2014a)

[Fal14]   Fallenbeck, N., Eckert, C.: IT-Sicherheit und Cloud Computing. In: Bauernhansl, T., ten Hompel, M., Vogel-Heuser, B. (Hrsg.) Industrie 4.0 in Produktion, Automatisierung und Logistik, S. 402. Springer Vieweg, Wiesbaden (2014b)

[Fes15]   Festo Didactic SE: Qualifikation für die Industrie 4.0. Lernfabrik vermittelt praxisnah Inhalte rund um die Industrie 4.0. https://automationspraxis.industrie.de/allgemein/qualifikation-fuer-die-industrie-4-0/ (2015). Zugegriffen: 14. Juli 2019

[For13]   Forschungsunion Wirtschaft – Wissenschaft: Umsetzungsempfehlungen für das Zukunftsprojekt Industrie 4.0: Deutschlands Zukunft als Produktionsstandort sichern. Abschlussbericht des Arbeitskreises Industrie 4.0, S. 5. https://www.bmbf.de/files/Umsetzungsempfehlungen_Industrie4_0.pdf (2013). Zugegriffen: 8. Apr. 2019

[FraOJ]   Fraunhofer IML: AUTOID – Technologieauswahl für die automatische Identifikation. https://www.iml.fraunhofer.de/content/dam/iml/de/documents/OE%20110/Folder%20OE%20110/Fraunhofer%20IML%20Flyer%20AutoID-Technologieauswahl.pdf (o. J.). Zugegriffen: 17. Apr. 2019

[Gei12a]   Geisberger, E., et al.: Cyber-Physical Systems: Visionen, Charakteristika und neue Fähigkeiten. In: Geisberger, E., Broy, M. (Hrsg.) AgendaCPS, S. 60–65. Springer, Berlin (2012)

[Gei12b]   Geisberger, E., et al.: Einführung. In: Geisberger, E., Broy, M. (Hrsg.) AgendaCPS, S. 22. Springer, Berlin (2012)

[Gor17]   Gorecky, D., et al.: Wandelbare modulare Automatisierungssysteme. In: Reinhart, G. (Hrsg.) Handbuch Industrie 4.0, S. 560. Hanser, München (2017)

[Hän17]   Hänisch, T.: Grundlagen Industrie 4.0. In: Andelfinger, V.P., Hänisch, T. (Hrsg.) Industrie 4.0, S. 26. Springer Gabler, Wiesbaden (2017)

[Hüb17]   Hübschle, K.: Big Data – Vom Hype zum realen Nutzen in der industriellen Anwendung. In: Schulz, T. (Hrsg.) Industrie 4.0, S. 209. Vogel Business Media, Würzburg (2017)

[Hub18]   Huber, W.: Industrie 4.0 kompakt – Wie Technologien unsere Wirtschaft und unsere Unternehmen verändern, S. 32. Springer Vieweg, Wiesbaden (2018)

[IKT15]   IKT.NRW: Studie – Cyber-Physical Systems in der Produktionspraxis: Nordrhein-Westfalen auf dem Weg zum digitalen Industrieland, S. 96–97. https://www.nupis.de/files/downloads/Auszug-Schriftenreihe-CPS-Produktionspraxis.pdf (2015). Zugegriffen: 9. Apr 2019

[Jun18]   Juniper Research Ltd: IoT connections to grow 140 % to hit 50 billion by 2022, as edge computing accelerates ROI. https://www.juniperresearch.com/press/press-releases/iot-connections-to-grow-140-to-hit-50-billion (2018). Zugegriffen: 11. Apr. 2019

[Kno18]   Knoll, A.: Erster Edge Controller von Siemens: Einstieg ins Edge Computing wird konkret. https://www.elektroniknet.de/markt-technik/automation/erster-edge-controller-von-siemens-160698.html (2018). Zugegriffen: 2. Apr. 2019

[KPMG18]   KPMG AG: Cloud-Monitor 2018: Strategien für eine zukunftsorientierte Cloud Security und Cloud Compliance, S. 3–5. KPMG, Köln (2018)

[Krü17]   Krüger, J., et al.: Daten, Informationen und Wissen in Industrie 4.0. In: Reinhart, G. (Hrsg.) Handbuch Industrie 4.0, S. 91. Hanser, München (2017)

[Kub17]   Kubach, U.: Device Clouds: Cloud Platformen schlagen die Brücke zwischen Industrie 4.0 und das Internet der Dinge. In: Vogel-Heuser, B., Bauernhansl, T., ten Hompel, M. (Hrsg.) Handbuch Industrie 4.0, Bd. 3, 2. Aufl, S. 193. Springer Vieweg, Wiesbaden (2017)

[Lie17]   Lieberoth-Leden, C., et al.: Logistik 4.0. In: Reinhart, G. (Hrsg.) Handbuch Industrie
           4.0, S. 497–498, 507–508. Hanser, München (2017)

[Lub17]   Luber, S.: Was ist ein Cyber-physisches System (CPS)? https://www.bigdata-insider.
           de/was-ist-ein-cyber-physisches-system-cps-a-668494/ (2017). Zugegriffen: 10. Apr.
           2019

[Luc17]   Lucks, K.: Grundlagen und Definitionen einer Industrie 4.0. In: Lucks, K. (Hrsg.)
           Praxishandbuch Industrie 4.0, S. 14–15. Schäffer-Poeschel, Stuttgart (2017)

[Mar19]   Martins, F., Kobylinska, A.: IoT-Basics: Was bedeutet Edge Computing? Cloud vs.
           Edge.   https://www.industry-of-things.de/iot-basics-was-bedeutet-edge-computing-
           a-678225/ (2019). Zugegriffen: 2. Apr 2019

[Mel11]   Mell, P.M., Grance, T.: The NIST Definition of Cloud Computing, S. 2. NIST
           Special Publication und National Institute of Standards and Technology,
           Gaithersberg/USA (2011)

[Mun17]   Munz, H., Stöger, G.: Deterministische Machine-to-Machine Kommunikation im
           Industrie 4.0 Umfeld. In: Schulz, T. (Hrsg.) Industrie 4.0, S. 70–72. Vogel Business
           Media, Würzburg (2017)

[Rie18]   Ried, S.: IoT Edge – Von Gateway bis Machine Learning. https://www.crisp-
           research.com/iot-edge-von-gateway-bis-machine-learning/ (2018). Zugegriffen: 21.
           März 2019

[Sch17]   Schell, O., et al.: Industrie 4.0 mit SAP: Strategien und Anwendungsfälle für die
           moderne Fertigung, S. 31, 223. Rheinwerk, Bonn (2017)

[Sho15]   Schonschek, O., Karlstetter, F: Gemeinsam in die sichere Wolke. https://www.
           cloudcomputing-insider.de/gemeinsam-in-die-sichere-wolke-a-504175/   (2015).
           Zugegriffen: 17. März 2019

[Sta16]   Standl, M.J.: Daimler stellt Produktionskette um. https://www.dvz.de/rubriken/
           logistik/detail/news/daimler-stellt-produktionskette-um.html (2016). Zugegriffen:
           14. Juli 2019

[StB18]   Statistisches   Bundesamt: Informations-   und   Kommunikationstechnologien:
           Unternehmen mit Nutzung von Cloud Computing (Cloud Services) nach
           Beschäftigtengrößenklassen im Jahr 2018. https://www.destatis.de/DE/Themen/
           Branchen-Unternehmen/Unternehmen/IKT-in-Unternehmen-IKT-Branche/Tabellen/
           iktu-06-cloud-computing.html (2018). Zugegriffen: 17. März 2019

[Ste19]   Steven, M.: Industrie 4.0: Grundlagen – Teilbereiche – Perspektiven, S. 77, 85.
           Kohlhammer, Stuttgart (2019)

[TSY19]   T-Systems International GmbH: Noch mehr Cloud für Continental. https://www.t-
           systems.com/at/de/newsroom/pressemitteilungen/pressemitteilungen-detail/noch-
           mehr-cloud-fuer-continental-866630 (2019). Zugegriffen: 17. März 2019

[Uni13]   University of Jyväskylä: Internet-of-things market, value networks, and business
           models: state of the art report, S. 15–16. http://www.internetofthings.fi/extras/
           IoTSOTAReport2013.pdf (2013). Zugegriffen: 23. Apr. 2019

[VDI13]   VDI e. V., VDE e. V.: Cyber-Physical Systems: Chancen und Nutzen aus Sicht der
           Automation. Thesen und Handlungsfelder, S. 5. https://www.vdi.de/uploads/media/
           Stellungnahme_Cyber-Physical_Systems.pdf (2013). Zugegriffen: 10. Apr. 2019

[Wey17]   Weyer, S., et al.: Die SmartFactory für individualisierte Kleinserienfertigung. In: Reinhart, G. (Hrsg.) Handbuch Industrie 4.0, S. 698–699. Hanser, München (2017)

[Wit13]   Witmer-Goßner, E.: BMW bringt Private Cloud auf Fahrt. https://www.cloud-computing-insider.de/bmw-bringt-private-cloud-auf-fahrt-a-400731/ (2013). Zugegriffen: 17. März 2019

[Zhu18]   Zhu, M., Liu, C.: A Correlation Driven Approach with Edge Services for Predictive Industrial Maintenance. In: Sensors 6/18, S. 1–23 (2018)

Big Data und Analytics

Im vorherigen Kapitel wurde deutlich, dass die physikalische Welt vermehrt mit der digitalen Welt verschmilzt und die fortschreitende Digitalisierung zu einem rapiden Wachstum der Datenbestände im Internet of Things führt.

Für Unternehmen im industriellen Umfeld haben sich Daten und das daraus erlangte Wissen als vierter Produktionsfaktor neben Kapital, Arbeit und Rohstoffen heraus-kristallisiert. Unter Big Data versteht man die Verwendung von großen Datenmengen zur Erzeugung eines wirtschaftlichen Nutzens. Drei Dimensionen, nämlich die Menge an Daten (Volume), die Vielfalt der Daten (Variety) und die Geschwindigkeit der Daten-erzeugung und -verarbeitung (Velocity) kennzeichnen Big Data-Anwendungen. Der harte Wettbewerb zwingt Unternehmen künftig ihre Daten auszuwerten, damit genug Wissen vorhanden ist, um auf dem Markt erfolgreich zu sein [Bit14].

Das BMWi untersuchte die Nutzungshäufigkeit innovativer Technologien in der deutschen Wirtschaft. Der „Monitoring Report 2018" ergab, dass dreizehn Prozent aller befragten Industrieunternehmen bereits Anwendungen aus dem Bereich Big Data ein-setzen. Während von den kleinen und mittleren Unternehmen branchenübergreifend bislang nur zwischen 9 % und 17 % Big-Data-Lösungen nutzen, sind es bei deutschen Großunternehmen mit 39 % deutlich mehr [BmWi18].

Unter den Big Data-Technologien zeichnen sich derzeit große Chancen beim Ein-satz von Data Mining, Machine Learning und Predictive Maintenance ab. Auf diese drei Technologien wird auf den folgenden Seiten genauer eingegangen.

Die Originalversion dieses Kapitels wurde revidiert. Die falsche alphanumerische Kodierung einiger Literaturangaben in dem Literaturverzeichnis wurde korrigiert. Ein Erratum ist verfügbar unter https://doi.org/10.1007/978-3-662-61580-5_10

© Der/die Herausgeber bzw. der/die Autor(en), exklusiv lizenziert durch Springer-Verlag GmbH, DE, ein Teil von Springer Nature 2020, korrigierte Publikation 2020
J. Pistorius, *Industrie 4.0 – Schlüsseltechnologien für die Produktion*,
https://doi.org/10.1007/978-3-662-61580-5_4

4.1   Data Mining

Beschreibung Unternehmen, denen es gelingt eine zentrale Datenspeicherung mit geschlossener Informationskette aufzubauen, werden sich anschließend mit der Frage beschäftigen, wie man die Daten nun für sich nutzbar machen kann. Da eine manuelle Verarbeitung durch den Menschen aufgrund von beschränkten Kapazitäten in der Aufnahme und Verarbeitung der Daten schnell an seine Grenzen stößt, kommen verstärkt Big-Data-Systeme zur Anwendung [LuK17].

Eine in diesem Rahmen erfolgreich angewandte Technologie nennt sich Data Mining (DM). Diese Technik dient zur Untersuchung von umfangreichen, komplizierten Datenbeständen, um komplexe Muster, Korrelationen, Zusammenhänge oder Abweichungen zu finden, von denen Unternehmen profitieren. Data Mining erlaubt es dem Anwender das Geschehen zu erklären und anhand aktueller Daten vorherzusagen, was in Zukunft passieren wird. Die Größe und Komplexität einer Datenerfassung, auch Data-Warehouse genannt, bestimmt wie komplex ein DM-System sein muss [All18].

Im Englischen wird der Begriff „Knowledge Discovery in Data" (KDD) oft als Synonym für DM verwendet, was theoretisch nicht korrekt ist. Das erklärt sich dadurch, dass der KDD-Prozess (siehe Abb. 4.1) nicht nur Data Mining-Methoden beinhaltet, auch wenn diese den entscheidenden Teilprozess ausmachen [Rok15].

Das Schema beschreibt einen kompletten Prozess, um aus vorhandenen Datenbeständen (DB) nützliches Wissen zu generieren. Zunächst wählt man geeignete Teildatensätze aus, die danach auf Zuverlässigkeit geprüft, ergänzt und vorverarbeitet werden. Die Transformation bringt die Daten hinsichtlich der Attribute in die richtige Form, um sie für das DM nutzbar zu machen. Im ersten Schritt des DM wird eine zur Zielerreichung sinnvolle Methode (fünf Typen s. u.) ausgesucht. Ausgehend von der gewählten Methode muss dazu noch ein passender Algorithmus und die richtigen Parameter gefunden werden. Treten Probleme an einer Stelle in der Prozesskette auf, kann

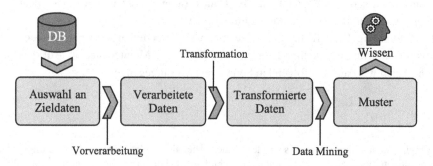

Abb. 4.1 KDD-Prozess. (Eigene Darstellung in Anlehnung an Fayyad/Piatetsky-Shapiro/Smyth [Fay96])

man Schritt für Schritt zurückgehen und entsprechende Anpassungen treffen. Nach erfolgreicher Anwendung des DM können gefundene Muster schließlich von einem Experten interpretiert und zukünftig als neues Wissen genutzt werden [Rok15].

Bei den Data Mining-Methoden lassen sich prinzipiell fünf Typen unterscheiden [Sha15]:

1. Anomalie-Erkennung – bezeichnet die Suche nach Objekten in einem Datensatz, die nicht mit einem erwarteten Muster oder Verhalten übereinstimmen. Diese liefern häufig kritische Informationen und erfordern Aktionen.
2. Clusteranalyse – Daten werden in Kategorien bzw. Gruppen (Cluster) eingeteilt, sodass Objekte im gleichen Cluster möglichst homogen und Objekte aus verschiedenen Clustern möglichst heterogen zueinander sind.
3. Klassifikation – ähnelt der Clusteranalyse. Allerdings sind hier die Kategorien schon vordefiniert, sodass Objekte mit ihren Attributen nur noch einer vorhandenen Kategorie zugeordnet werden.
4. Assoziationsanalyse – Abhängigkeiten zwischen Attributen oder einzelnen Ausprägungen können innerhalb eines Datenbestandes entdeckt und durch genaue Regeln beschrieben werden.
5. Regressionsanalyse – Identifizierung und Analyse von Beziehungen zwischen mehreren abhängigen oder unabhängigen Objekten. Die Änderung der Variablen eines Objekts lässt Rückschlüsse über die Veränderung eines anderen ziehen.

Wichtig ist dabei zu wissen, dass die Methoden nicht allseitig einsetzbar sind, sondern für jedes Vorhaben individuell festgelegt werden müssen. Industrieunternehmen sind in der Lage, Informationen aus diversen Werken in einer globalen Datenbasis zu vereinen, um so notwendige Fragestellungen bestmöglich lösen zu können [Pöt14].

Potenziale und wirtschaftlicher Nutzen Data Mining ermöglicht Unternehmen riesige Datenmengen zu interpretieren, woraus sich vielfältige Potenziale in unterschiedlichen Bereichen ergeben.

So profitiert das Management etwa von zeitkritischen Informationen und mehr Transparenz, um Entscheidungen schneller und effektiver treffen zu können. Zudem lassen sich Veränderungen der Zielmärkte bzw. neue Trends besser erkennen und geeignet darauf reagieren. Die umfassende Auswertung von Daten kommt der internen Forschung und Entwicklung zu Gute. Aufgrund dessen lassen sich bestehende Produkte und Dienstleistungen zielgerichtet optimieren oder gar neue konkurrenzfähige Generationen entwickeln. Angebote und Marketingaktionen können zudem besser auf die jeweiligen Kunden abgestimmt werden. Die verbesserte Datenanalytik fördert insgesamt die Wettbewerbsfähigkeit und das Innovationspotenzial der Unternehmen [Bit12].

Data Mining-Anwendungen ermöglichen es, aufgestellte Hypothesen zu untersuchen und bestehende Prozesse logisch zu hinterfragen. So können Kosten reduziert und die

Leistung gesteigert werden. In Bezug auf die Kundenbeziehung lassen sich mittels zusätzlicher Informationen Bedürfnisse besser identifizieren und verstehen [InsOJ]. Des Weiteren eignet sich der Einsatz von Data Mining zu internen Planungs- und Prognosezwecken aller Art. Ein nicht zu unterschätzender Aspekt ist auch die Reduzierung des Sicherheitsrisikos angesichts der verbesserten Datenüberwachung [Ana18].

Aktueller Stand und Use Cases Eine Statistik des VDE fand 2016 heraus, dass 11 % der über 200 Befragten aus Unternehmen und Hochschulen Big Data Analytics und Data Mining für den Standort Deutschland als zukünftige Technologie mit besonders großem Potenzial ansehen [VDE16]. In Deutschland wächst der Markt für Big-Data-Anwendungen kontinuierlich. So ergab eine Studie der IDC im Auftrag des Verbands Bitkom, dass der Umsatz für Lösungen in diesem Bereich von 5,1 Mrd. im Jahr 2016 auf 5,8 Mrd. EUR im Jahr 2017 gestiegen ist. Für das Jahr 2018 wurde ein weiteres Wachstum von 10 % auf 6,4 Mrd. EUR prognostiziert [Bit18].

Eine Studie des Fraunhofer-Instituts befasste sich 2014 mit fast neunzig Unternehmen, größtenteils aus dem produzierenden Gewerbe, zum Thema Data Mining. Dabei kam heraus, dass bei knapp einem Viertel der Betriebe Data Mining bereits zur Anwendung kommt und bei weiteren 11 % der Unternehmen der Einsatz in naher Zukunft geplant ist. Die größten Potenziale von Data Mining werden von den Befragten in den Bereichen (absteigend) Qualitätsmanagement/Produktqualität, Produktionsoptimierung, Vertrieb/Marketing, Produktionsplanung/-steuerung, Logistik und Controlling gesehen. Die größte Herausforderung dagegen stellt bislang die Einbindung von Data Mining in die Arbeitsabläufe (z. B. als Regelkreis) der Unternehmen dar [Wes14].

Beim Automobilhersteller *BMW* kommen automatisierte Analysen von Daten mittlerweile in etlichen Werken zum Einsatz, um eine Steigerung der Prozesssicherheit zu erzielen. Informationen einzelner Vorgänge können im Rahmen von standardisierten Prozessen automatisch erfasst und überprüft werden. Sobald sich Abweichungen zu den Standardwerten ergeben, können schnell notwendige Maßnahmen eingeleitet werden. Die Summe zahlreicher kleiner Anwendungsfälle führt zu einer spürbaren Verbesserung der Qualität und Effizienz in Unternehmensabläufen [Luc17].

Bei *Daimler* werden vielseitige Maßnahmen zur intensiven Verwertung von Daten ergriffen. Eine davon stellt die Nutzung von Software Tools dar, um relevante Datensätze einfacher identifizieren und analysieren zu können. Die Applikation CANape beispielsweise ermöglicht es, Datenanalysen grafisch darzustellen. So kann sich der Anwender Messdaten detailliert anzeigen lassen, um genauere Untersuchungen anzustellen. Am Ende des Tages lassen sich mit der Applikation alle Messdaten überprüfen, um festzustellen, ob Ausreißer oder unerwünschte Ergebnisse aufgetreten sind. Das Monitoring hilft etwa dabei, Auffälligkeiten bei Schaltvorgängen von Getrieben zu beheben [Tep14].

Durch den gemeinsamen Einsatz von Data Mining und RFID konnte man bei *Bosch* die Produktivität in der Produktion von ABS/ESP-Bremssystemen um knapp 25 % steigern. Die gewissenhafte Auswertung von Daten erbrachte zudem eine Verringerung der Prüfzeit von Hydraulikventilen um 18 % im Werk in Homburg [Rob16].

4.2   Maschinelles Lernen

Beschreibung Maschinelles Lernen (ML) und Künstliche Intelligenz (KI) haben in den letzten Jahren einen kaum übersehbaren Hype ausgelöst. Einfache Beispiele zur Unterstützung im privaten Alltag sind die Nutzung von Suchmaschinen wie etwa Google oder die Inanspruchnahme von digitalen Assistenten wie beispielsweise Siri oder Alexa.

Die 1950er Jahre werden häufig als Geburtsstunde von ML bezeichnet, da in dieser Zeit die Idee maschineller Intelligenz und erste Anwendungen lernender Maschinen aufkamen. Nennenswerte Meilensteine sind die Siege eines Computers gegen den damaligen Schachweltmeister (1997) und gegen den weltbesten Spieler des komplexen Brettspiels Go (2016) [TRS17].

Was versteht man eigentlich unter Maschinellem Lernen? ML ermöglicht es Computern auf einer Basis von Daten eigenständig zu lernen, ohne vorher explizit programmiert zu werden. ML ist kein einfacher Prozess, sondern basiert auf komplexen Algorithmen, die schrittweise aus Daten lernen und hilfreiche Ergebnisse vorhersagen können. Durch das ständige Hinzufügen neuer Daten stellen die Systeme für maschinelles Lernen sicher, dass die Lösung immer aktualisiert wird [Hur18].

Bei der Entwicklung von ML-Modellen werden Daten prinzipiell in Trainings- und Testdaten unterteilt. Das Trainieren der Algorithmen mit Trainingsdaten sorgt zunächst für die Entwicklung eines funktionierenden Modells. Versorgt man das Modell anschließend mit den richtigen Testdaten, erhält man den gewünschten Output [The17].

Machine Learning wird oft mit KI gleichgesetzt, ist aber genauer gesagt nur ein Teilgebiet davon. KI beschreibt generell Systeme, die über kognitive Fähigkeiten ähnlich derer des Menschen verfügen. Auch die im Kapitel vorher behandelte Technologie Data Mining birgt Verwechslungsgefahr zum ML. Hier sollte man wissen, dass DM-Anwendungen hauptsächlich darauf abzielen, Datensätze nach brauchbaren Mustern abzusuchen, um Dinge aus der Vergangenheit zu erklären. ML-Anwendungen hingegen konzentrieren sich viel mehr auf den Prozess des Selbstlernens und das Identifizieren von Mustern, um damit Vorhersagen treffen zu können [Hur18].

Beim Maschinellen Lernen lassen sich hinsichtlich der Wahl des angewandten Lernverfahrens drei grundlegende Arten unterscheiden [VDMA18]:

1. Überwachtes Lernen – konkrete Beispiele mit Eingabe- und Ausgabewerten werden genutzt, um Modelle so zu schulen, dass die notwendigen Zusammenhänge vom System verstanden und eigenständig umgesetzt werden.
2. Unüberwachtes Lernen – das System lernt mithilfe von Eingabedaten, allerdings werden dazu keine Ausgabewerte gegeben. Die Maschine erkennt versteckte Strukturen selbst, erstellt Gruppierungen und passt den Algorithmus darauf an.
3. Bestärkendes Lernen – basiert auf dem menschlichen Lernen verstärkt durch Lob. Das Modell verbessert sich, indem es Feedback über vorherige Handlungen erhält. Der Algorithmus erlernt so die Leistungskriterien anhand von Bewertungen.

Ein aufstrebender Unterbereich von ML nennt sich Deep Learning und basiert auf neuronalen Netzen, vergleichbar mit denen im menschlichen Gehirn. Der Aufbau dieser umfasst einzelne Recheneinheiten (Neuronen), die sich über mehrere Schichten (Layer) erstrecken. Durch die Verarbeitung der Eingangsinformationen über viele Schichten hinweg, können extrem komplexe Strukturen analysiert werden. Der Lernvorgang erfolgt im Normalfall ohne menschliche Eingriffe, aber erfordert dabei auch einiges an Zeit- und Rechenaufwand [Bay19].

Der Einsatz von Machine Learning beinhaltet in jedem Fall einen lernenden Algorithmus, der im Wesentlichen drei Schritte durchläuft. 1) Darstellung – Der Algorithmus erstellt Modelle, um den Input in die gewünschten Ergebnisse umzuwandeln. 2) Bewertung – Die Modelle müssen in Bezug auf das gewünschte Ergebnis entweder von Menschen oder dem Algorithmus selbst beurteilt werden. 3) Optimierung – Der Algorithmus mit der besten Leistung und ausreichend Universalität wird im Rahmen des Trainingsprozesses ausgewählt [Mue16].

Potenziale und wirtschaftlicher Nutzen Die Einsatzgebiete von ML sind weitreichend und Unternehmen erkennen darin zunehmend große Potenziale. Grundsätzlich unterstützt ML überall dort, wo Analysen für den Menschen zu komplex werden. Computer können Datensätze mit beliebig vielen Faktoren auswerten. ML-Anwendungen helfen bei der Steuerung von Maschinen, sodass diese eine maximale Effizienz erreichen. So wird u. a. auf den geregelten Einsatz von Ressourcen geachtet und die Einhaltung der richtigen Konfiguration kontrolliert [Mue16]. Mit Assistenzsystemen können Maschinenbediener sinnvoll unterstützt und Einarbeitungs-, Rüstzeiten oder der Schulungsaufwand reduziert werden. Im Rahmen der Dokumentation repetitiver Prozesse oder der organisierten Lagerverwaltung ergeben sich weitere Vorteile. Der Einsatz von ML ermöglicht die Umsetzung einer Null-Fehler-Strategie und wirkt sich damit positiv auf Produktqualität und Liefertreue aus. ML-Anwendungen fördern Produktinnovationen und die Senkung von Produktionskosten. Maschinen lernen autonom und entwickeln sich stets weiter, sodass neben der Verbesserung von Produktionsprozessen auch eine Optimierung im Controlling erzielt wird [VDMA18]. Weitere Vorteile bringt auch die intelligente Instandhaltung (Abschn. 4.3) mit sich. Die Produktionsplanung profitiert von hilfreichen Prognosen über die Dauer von Arbeitsvorgängen oder die Wiederbeschaffungszeit von Materialien [Gla19].

Eine aktuelle Studie der IDG, siehe Abb. 4.2, hat 239 Personen aus verschiedenen Unternehmen und Branchen zu beliebten Nutzungspotenzialen von ML befragt.

Aktueller Stand und Use Cases Eine Analyse von Appanion Labs prognostiziert für das aktuelle Jahr einen Umsatz von 218 Mrd. Euro im Bereich Künstlicher Intelligenz in Deutschland. Die Vorhersage für das Jahr 2030 lautet, dass bereits mehr als ein Viertel der deutschen Wirtschaftsleistung (ca. zwei Billionen Euro) von KI beeinflusst sein wird [Hen19].

Abb. 4.2 Umfrage zu Machine Learning. (Eigene Darstellung in Anlehnung an IDG Business Media [IDG19])

Die aktuelle Studie von IDG fand bei einer Befragung von über 300 deutschen Unternehmen heraus, dass knapp 57 % mindestens eine ML-Anwendung im Einsatz haben. Weitere 23 % der Unternehmen gaben an, dass die Einführung von ML bereits geplant ist oder spätestens in drei Jahren erfolgen wird. Bei der Einstufung von Unternehmensbereichen nach Profitabilität ergab sich folgendes Bild: Am meisten Potenzial für ML wird der IT-Abteilung eingeräumt, dicht gefolgt vom Einsatz im Kundendienst, in der Produktion oder im Management [IDG19].

Der Automobilproduzent *Audi* ist gerade dabei Machine Learning in Form eines optischen Prüfsystems weltweit in seine Serienproduktion zu integrieren. Mit einer intelligenten Software können kleinste Risse in Blechen automatisiert identifiziert und passend gekennzeichnet werden, wodurch sich der Prüfprozess der Bauteile deutlich verbessern lässt. Wo Mitarbeiter vorher zum Teil aufwendige Sichtprüfungen durchführen mussten oder es häufiger zu Fehlern in der Bildverarbeitung von Kameraaufzeichnungen kam, werden jetzt künstliche neuronale Netze eingesetzt. Diese sind nach der Trainingsphase mit Millionen von Prüfbildern in der Lage, die hochkomplexen Daten der Smart-Kameras zielgerichtet auszuwerten. Ähnliche Verfahren plant Audi künftig auch in anderen Bereichen wie der Montage oder Lackiererei [Klo19].

Industrie-Zulieferer *Schaeffler* setzt, wie viele andere Großunternehmen, bereits seit längerer Zeit auf den Watson-Service von *IBM*. Weitreichende Datenanalysen in Verbindung mit kognitiv lernenden Systemen ermöglichen Schaeffler, Maschinen bzw. Windkraftanlagen effizienter einzusetzen oder die Entwicklung von Produkten voranzutreiben. Andere Nutzungspotenziale entstehen z. B. bei der smarten Planung des Schienenverkehrs oder der Prozessverknüpfung innerhalb der Supply-Chain [Wil16].

ML spielt zudem eine zentrale Rolle bei dem Betrieb von autonomen Fahrzeugen. Künstlich neuronale Netze lernen kontinuierlich aus Erfahrungen und nutzen Echtzeit-Umgebungsdaten, um Fahraufgaben autonom zu lösen. [Nie17].

4.3 Predictive Maintenance

Beschreibung Die industrielle Produktion hat sich durch den Einsatz von Automation und Digitalisierung stark weiterentwickelt. Maschinen werden immer leistungsfähiger und lassen die Produktivität kontinuierlich steigen. Dabei bedeutet die Anschaffung von komplexen Maschinen und Anlagen oft erhebliche Investitionen. Trotz dem Bestreben, deren Lebensdauer zu maximieren, führen Verschleiß, Erosion und Erschöpfung zum Ausfall von Maschinen. Durch die zunehmende Verknüpfung der Systeme entlang der Produktionskette, kann eine fehlerhafte Anlage den gesamten Produktionsprozess lahmlegen [Del17]. Aus diesem Grund hat Predictive Maintenance (PdM) zweifellos seine Berechtigung als eine weitere Schlüsselinnovation in der Smart Factory verdient.

> „Ziel ist es, Maschinenfehler schon vor ihrem Auftreten zu prognostizieren und somit Kosten zu sparen [Fer18]." – Dr. Stefan Ferber, Bosch Software Innovations.

Predictive Maintenance (zu Deutsch: vorausschauende Wartung) befasst sich mit der gezielten Erstellung von Prognosen über die Ermüdung und Dysfunktionalität von Anlagen. Grundlage dafür sind vorliegende Zustandsdaten von Maschinen und Prozessen, die mittels Sensortechnik erfasst werden und der Zugang zu Verlaufsdaten aus der Historie der Anlage. Durch die Anwendung von Algorithmen des statistischen Lernens können die Informationen analysiert und anschließend Aussagen darüber getroffen werden, wann die nächste Wartung einer Anlage erforderlich ist. Sich anbahnende Maschinenausfälle werden vorab per Muster erkannt und so können ungeplante Stillstände vermieden sowie Instandhaltungskosten reduziert werden [Mey18].

Anstatt sich bei der Planung von Wartungsaktivitäten mit allgemeinen Statistiken zur durchschnittlichen Lebensdauer einer Anlage zu beschäftigen, umfasst PdM ein zustandsorientiertes Konzept zur individuellen Überwachung einzelner Maschinen. Der Instandhaltungs-Manager hat jederzeit Zugriff zu situativen Daten, um geeignete Maßnahmen zu treffen. Die meisten mechanischen Probleme lassen sich erfahrungsgemäß minimieren, indem sie frühzeitig erkannt und behoben werden [Mob02].

Aus Abb. 4.3 geht hervor, wie die Reifegrade in der Instandhaltung kategorisiert werden können und wie deren schrittweise Entwicklung zur Erreichung der vierten Stufe (PdM) beigetragen hat.

Der Ablauf bei PdM lässt sich im Wesentlichen mit einem Regelkreis beschreiben, der sich aus vier Phasen zusammensetzt [eodOJ]:

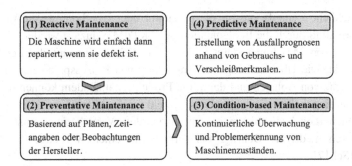

Abb. 4.3 Reifegrade in der Instandhaltung. (Quelle: Eigene Darstellung in Anlehnung an Diamond/Marfatia [Dia13])

1. Datenerfassung – die Zustände von Anlagen und Anlagenteilen als auch relevante Umgebungsparameter werden mittels geeigneter Sensorik erfasst.
2. Datenspeicherung – gesammelte Daten werden in einem zentralen Datenbanksystem aufbewahrt und sind dort jederzeit abrufbar.
3. Analyse & Auswertung – mithilfe von statistischen Analysemodellen werden gezielt Muster ausfindig gemacht, um daraus zukünftige Entwicklungen abzuleiten.
4. Festlegung der Instandhaltung – die Ergebnisse der Auswertung werden genutzt, um Art und Zeitpunkt von Instandhaltungsmaßnahmen zielführend planen zu können.

Im Rahmen der vorausschauenden Wartung wurden unterschiedlichste Verfahren entwickelt, um den detaillierten Zustand von Anlagen zu erfassen. Darunter befinden sich unter anderem Methoden wie die Vibrationsanalyse, Öl- und Abriebanalysen, Ultraschallverfahren, Thermographie oder spezielle Leistungsbeurteilungen. Vergleichbar mit menschlichen Krankheiten, weisen auch Defekte bei Maschinen Symptome auf [Gir04].

Potenziale und wirtschaftlicher Nutzen Dieser Abschnitt widmet sich den Potenzialen und wirtschaftlichen Vorteilen, die durch den Einsatz von PdM im industriellen Gewerbe entstehen.

Der zentrale Nutzen vorbeugender Instandhaltung besteht darin, die Anzahl unerwarteter Ausfälle von Maschinen und die damit verbundenen Kosten zu minimieren. Die Überwachung der Anlagenzustände ermöglicht ein maximales Zeitintervall zwischen zwei Reparaturen und erhöht dadurch die Maschinenverfügbarkeit entscheidend. Zugleich können unnötige Wartungsmaßnahmen eliminiert und damit Wartungs- bzw. Arbeitskosten gespart werden [Mob02].

PdM sorgt für ein konstantes Leistungsniveau der Anlagen und trägt so maßgeblich zur Qualitätssicherung bei. Ferner lassen sich nicht nur Defekte erkennen, sondern verstärkt auch deren Ursachen erklären. Die vorausschauende Wartung erlaubt es, den Lagerbestand von Ersatzteilen zu minimieren, da benötigte Teile frühzeitig beschafft werden können. Daraus resultieren sinkende Lagerhaltungskosten [Dia13].

Der tatsächliche Zeitaufwand für die Reparatur oder Überholung von Anlagenteilen kann im Normalfall durch die Implementierung von PdM reduziert werden. Die Gesamtnutzungsdauer von Maschinen steigt zudem, was sich positiv auf die Lebenszykluskosten auswirkt. Die Überwachung und Anpassung von Prozessparametern steigert die Betriebseffizienz von Anlagen und damit die Produktivität. Zudem können hohe Sicherheitsstandards eingehalten werden, um das Umfeld für die Mitarbeiter sicher zu gestalten und deren Sicherheitsbedürfnissen gerecht zu werden. Versicherungsunternehmen verlangen generell niedrigere Beiträge bei Firmen mit einem vorbeugenden Wartungsprogramm [Sch17].

Eine Studie des Consultingunternehmens Deloitte zum Thema PdM fand heraus, dass durch vorausschauende Wartung die Produktivität im Durchschnitt um 25 % gesteigert wird, Ausfälle um 70 % reduziert und die Wartungskosten um 25 % gesenkt werden können. Analysen haben darüber hinaus ergeben, dass sich die Materialkosteneinsparungen auf durchschnittlich 5–10 % belaufen. Die Verfügbarkeit der Ausrüstung erhöht sich um 10–20 %. Die Gesamtwartungskosten lassen sich um 5–10 % und die Planungszeit für die Instandhaltung sogar um 20–50 % reduzieren [Del17].

Aktueller Stand und Use Cases Das Beratungsunternehmen PwC hat sich im Rahmen der Studie „Digital Factories 2020" mit der Nutzung von PdM-Anwendungen in deutschen Industrieunternehmen befasst. Die Befragung von 200 Führungskräften aus unterschiedlichen Bereichen kam zu dem Ergebnis, dass im Frühjahr 2017 bereits 28 % der teilnehmenden Unternehmen vorbeugende Instandhaltung praktizieren. Für das Jahr 2020 erwartet man den Einsatz von PdM bei rund 66 % der Unternehmen, was ein bemerkenswertes Wachstum von 38 % über die letzten fünf Jahre bedeuten würde [PwC17]. Im deutschen Maschinenbau sieht das Bild noch beeindruckender aus. Laut einer Statistik des VDMA in Kooperation mit Roland Berger beschäftigen sich in der Branche sogar 81 % der über 150 interviewten Unternehmen intensiv mit dem Thema PdM [Rol17].

Der Leuchtmittelhersteller *Osram* lässt in einem Berliner Werk Xenon-Autolampen fertigen und hat die Anwendung „Nexeed" der Firma *Bosch* in seinen Betrieb integriert. Dank der Software lassen sich über 80 unterschiedliche Maschinen miteinander vernetzen und eine dazugehörige App sorgt dafür, dass Mitarbeiter permanent über den Status ihrer Maschinen informiert bleiben. Darüber hinaus werden erforderliche Maßnahmen wie z. B. Wartungsaufträge oder Materialbeschaffung angezeigt und automatisch qualifizierten Mitarbeitern zugeteilt [Kun18].

Das mittelständische Unternehmen *Certuss* aus Krefeld stellt Dampfautomaten her und hat im Zuge dessen einen PdM-Service für seine Anlagen entwickelt. Genauer gesagt wurde eine Produktreihe mit Mobilfunkelektronik versehen, um stets Informationen über 60 verschiedene Parameter wie z. B. den Druck übermitteln zu können. Damit lassen sich Fehler früher prognostizieren und genaue Diagnosen erstellen [Gro19].

Der Getriebehersteller *Flender* liefert moderne Antriebstechnik u. a. für den Automobilsektor und die Windkraftbranche. Die Auswertung von Felddaten durch die

Integration von PdM-Systemen hilft dem Unternehmen, ihre Produkte gezielt einzu-setzen und weiterzuentwickeln. Bei Anlagen, die 24 h an sieben Tagen der Woche in Betrieb sind (z. B. in der Windkraft), kann durch die regelmäßige Analyse von Betriebs-daten die Verfügbarkeit nicht nur gesichert, sondern auch gesteigert werden (siehe Abschn. 9.5).

Literatur

[All18]   Alley-Young, G.: Data mining. In: Schintler, Laurie A., McNeely, Connie L. (Hrsg.) Encyclopedia of Big Data, S. 1. Springer International Publishing, Basel (2018)

[Ana18]   Anand, V. Top 10 benefits of data mining. https://www.microstrategy.com/us/resources/blog/bi-trends/top-10-benefits-of-data-mining (2018). Zugegriffen: 13. Mai 2019

[Bay19]   Bayer, M. Artificial Intelligence – das Training macht den Unterschied. Deep Learning. https://www.computerwoche.de/a/artificial-intelligence-das-training-macht-den-unterschied,3546899 (2019). Zugegriffen: 19. Mai 2019

[Bit12]   Bitkom e. V.: Big Data im Praxiseinsatz – Szenarien, Beispiele, Effekte, S. 7–11. Bitkom, Berlin (2012)

[Bit14]   Bitkom e. V. Big-Data-Technologien – Wissen für Entscheider. Leitfaden, S. 12–13. https://www.bitkom.org/sites/default/files/pdf/noindex/Publikationen/2014/Leitfaden/Big-Data-Technologien-Wissen-fuer-Entscheider/140228-Big-Data-Technologien-Wissen-fuer-Entscheider.pdf (2014). Zugegriffen: 26. Juni 2019

[Bit18]   Bitkom e. V. Markt für Big Data wächst in Deutschland zweistellig. https://www.bitkom.org/Presse/Presseinformation/Markt-fuer-Big-Data-waechst-in-Deutschland-zweistellig.html (2018). Zugegriffen: 14. Mai 2019

[BmWi18]   Bundesministerium für Wirtschaft und Energie: Monitoring-Report Wirtschaft DIGITAL 2018, S. 44. BMWi, Berlin (2018)

[Del17]   Deloitte GmbH. Predictive maintenance: Taking pro-active measures based on advanced data analytics to predict and avoid machine failure, S. 5–11. https://www2.deloitte.com/content/dam/Deloitte/de/Documents/deloitte-analytics/Deloitte_Predictive-Maintenance_PositionPaper.pdf (2017). Zugegriffen: 21. Juni 2019

[Dia13]   Diamond, S., Marfatia, A.: Predictive Maintenance for Dummies, S. 9, 20–21. Wiley, Hoboken (2013)

[eodOJ]   eoda GmbH: Predictive Maintenance (mit R): Leistung immer und überall dank vorausschauender Wartung basierend auf statistischen Modellen, S. 9–10 https://www.eoda.de/files/Use_Case_Seiten/Whitepaper/Predictive_Maintenance_mit_R.pdf (o. J.). Zugegriffen: 22. Juni 2019

[Fay96]   Fayyad, U., Piatetsky-Shapiro, G., Smyth, P.: From Data Mining to Knowledge Discovery in Databases. In: AI Magazine. 3/17, S. 37–54 (1996)

[Fer18]   Ferber, S.: Das Internet der Dinge auf dem Weg in die Fabrik. VDMA Nachrichten **03**(2018), 18 (2018)

[Gir04]   Girdhar, P.: Practical Machinery Vibration Analysis and Predictive Maintenance, S. 7. Newnes, Oxford (2004)

[Gla19]   Gladis, A.: Wettbewerbsfähig mit Machine Learning. SCOPE – Industriemagazin
             für Produktion **4**(2019), 50–51 (2019)

[Gro19]   Gross, B.: IoT-Plattformen im Einsatz. Computer & Automation – Fachmedium der
             Automatisierungstechnik **1**(2019), 19 (2019)

[Hen19]   Hensel, M., Litzel, N.: KI soll zwei Billionen Euro an Unternehmensumsätzen
             beeinflussen.   https://www.bigdata-insider.de/ki-soll-zwei-billionen-euro-an-
             unternehmensumsaetzen-beeinflussen-a-800506/ (2019). Zugegriffen: 21. Mai 2019

[Hur18]   Hurwitz, J., Kirsch, D.: Machine Learning for Dummies: IBM Limited Edition,
             S. 4, 12–13. Wiley, Hoboken (2018)

[IDG19]   IDG Business Media GmbH: Studie Machine Learning/Deep Learning 2019,
             S. 19–20, 24–25. IDG, München (2019)

[InsOJ]   Institut für angewandte Datenanalyse GmbH: Vorteile des Data Mining. https://
             www.ifad.de/services/data-mining-alt/vorteile-des-data-mining/ (o. J.). Zugegriffen:
             13. Mai 2019

[Klo19]   Klostermeier, J.: Audi nutzt Machine Learning in der Serienproduktion. https://
             www.cio.de/a/audi-nutzt-machine-learning-in-der-serienproduktion,3591147
             (2019). Zugegriffen: 22. Mai 2019

[Kun18]   Kunze, S.: Einfach einsteigen: So kann die vernetzte Fabrik entstehen. Software-
             Lösung.   https://www.elektrotechnik.vogel.de/einfach-einsteigen-so-kann-die-ver-
             netzte-fabrik-entstehen-a-777235/ (2018). Zugegriffen: 24. Juni 2019

[Luc17]   Lucks, K.: Pfade der BMW-Werke zu Smart Factories der Industrie 4.0. In: Lucks,
             K. (Hrsg.) Praxishandbuch Industrie 4.0, S. 380. Schäffer-Poeschel, Stuttgart
             (2017)

[LuK17]   Lucks, K., Klawon, M.: Realtime Due Diligence. In: Lucks, K. (Hrsg.) Praxishand-
             buch Industrie 4.0, S. 769. Schäffer-Poeschel, Stuttgart (2017)

[Mey18]   Meyer, A., et al.: Decision Support Pipelines – Durchgängige Datenverarbeitungs-
             infrastrukturen für die Entscheidungen von morgen. In: Wischmann, S., Hartmann,
             E. (Hrsg.) Zukunft der Arbeit – eine praxisnahe Betrachtung, S. 218. Springer
             Vieweg, Wiesbaden (2018)

[Mob02]   Mobley, R.K.: An Introduction to Predictive Maintenance: Second Edition, 2. Aufl,
             S. 5, 60–61. Butterworth-Heinemann, Amsterdam (2002)

[Mue16]   Mueller, J.P., Massaron, L.: Machine Learning for Dummies, S. 16–17, 33. Wiley,
             Hoboken (2016)

[Nie17]   Niemann, A: Machine Learning: Künstliche Intelligenz bei Audi. https://blog.audi.
             de/machine-learning-kuenstliche-intelligenz-bei-audi/ (2017). Zugegriffen: 22. Mai
             2019

[Pöt14]   Pötter, T., Folmer, J., Vogel-Heuser, B.: Enabling Industrie 4.0 – Chancen und
             Nutzen für die Prozessindustrie. In: Bauernhansl, Thomas, Hompel, Michael ten,
             Vogel-Heuser, Birgit (Hrsg.) Industrie 4.0 in Produktion, Automatisierung und
             Logistik, S. 168. Springer Vieweg, Wiesbaden (2014)

[PwC17]   PwC GmbH: Digital Factories 2020: Shaping the future of manufacturing. S. 26.
             https://www.pwc.de/de/digitale-transformation/digital-factories-2020-shaping-the-
             future-of-manufacturing.pdf (2017). Zugegriffen: 7. Mai 2019

[Rob16]   Robert Bosch GmbH: Bosch steigert mit Industrie 4.0 seine Wettbewerbsfähigkeit.
             https://www.bosch-presse.de/pressportal/de/de/bosch-steigert-mit-industrie-4-0-
             seine-wettbewerbsfaehigkeit-44805.html (2016). Zugegriffen: 1. Aug. 2019

[Rok15]   Rokach, L., Maimon, O.: Data Mining with Decision Trees: Theory and
             Applications, 2. Aufl, S. 4, 5–8. World Scientific, Singapore (2015)

[Rol17]   Roland Berger GmbH: Predictive Maintenance: Service der Zukunft – und wo er
            wirklich steht, S. 6–13. https://www.vdma.org/documents/105806/17180011/VDM
            A+Predictive+Maintenance+deutsch.pdf/1ebbb093-739e-43ff-a30a-2a75e7aa1c22
            (2017). Zugegriffen: 24. Juni 2019

[Sch17]   Schröder, T.: The benefits of predictive maintenance. https://blog.softexpert.com/
            en/the-benefits-of-predictive-maintenance/ (2017). Zugegriffen: 23. Juni 2019

[Sha15]   Sharma, P.: Top 5 Data mining techniques. https://www.infogix.com/top-5-data-
            mining-techniques/ (2015). Zugegriffen: 12. Mai 2019

[Tep14]   Tepe, E., Patzer, A.: Große Messdatenmengen rationell und flexibel analysieren: Ent-
            wicklungswerkzeuge. https://www.elektroniknet.de/elektronik-automotive/software-
            tools/grosse-messdatenmengen-rationell-und-flexibel-analysieren-105572-Seite-2.
            html (2014). Zugegriffen: 14. Mai 2019

[TRS17]   The Royal Society: Machine Learning: The Power and Promise of Computers that
            Learn by Example, S. 28. The Royal Society, London (2017)

[The17]   Theobald, O.: Machine Learning For Absolute Beginners, 2. Aufl, S. 7. Scatterplot
            Press, o. O. (2017)

[VDE16]   V.D.E e. V.: VDE-Trendreport 2016: Internet der Dinge/Industrie 4.0. Technologien –
            Anwendungen – Perspektiven, S. 10. VDE, Frankfurt a. M. (2016)

[VDMA18]   VDMA e. V.: Machine Learning im Maschinen und Anlagenbau: Quick Guide,
            S. 7–9. https://ki.vdma.org/documents/15012668/19160693/Quick_Guide_Machine_
            Learning%20(3)_1557231153950.pdf/c91f9dc7-108d-7e84-4d5a-365b6269e83f
            (2018). Zugegriffen: 18. Mai 2019

[Wes14]   Weskamp, M. et al.: Studie: Einsatz und Nutzenpotenziale von Data Mining in
            Produktionsunternehmen. Ergebnisse. https://www.ipa.fraunhofer.de/content/dam/
            ipa/de/documents/Publikationen/Studien/Studie_DataMininginProduktionsunterneh
            men.pdf (2014). Zugegriffen: 8. Juli 2019

[Wil16]   Wilkens, A.: Internet der Dinge: Schaeffler kooperiert mit IBM. https://www.
            heise.de/newsticker/meldung/Internet-der-Dinge-Schaeffler-kooperiert-mit-
            IBM-3339855.html (2016). Zugegriffen: 22. Mai 2019

Visualisierung und Simulation

Im vorangehenden Teil wurde deutlich, dass die Erzeugung von Wissen durch die Auswertung gesammelter Daten einen hohen Stellenwert im heutigen Produktionsumfeld einnimmt.

In diesem Zusammenhang geht es für viele Unternehmen auch darum, gewonnene Informationen zuverlässig und nutzenbringend, also an der richtigen Stelle und in der geeigneten Form, bereitzustellen. Ein durchgängiges Monitoring visualisierter Daten auf unterschiedlichen Endgeräten, erhöht die Transparenz in der Produktion und unterstützt die Durchführung optimierender Maßnahmen [FIWOJ].

Weitere Verbesserungspotenziale ergeben sich durch die Virtualisierung von realen Vorgängen und deren Abbildung in digitalen Simulationsmodellen. Dadurch lassen sich unter anderem vielfältige Einflussgrößen erproben, komplexe Sachverhalte einfacher analysieren und Echtzeit-Prozesse präzise überwachen [Res16].

Vor diesem Hintergrund werden die Technologien Mobile und Wearable Computing, Virtual und Augmented Reality sowie Digitaler Zwilling im folgenden Teil vorgestellt.

5.1 Mobile und Wearable Computing

Beschreibung Die industrielle Arbeitswelt hat sich in den letzten Jahren kontinuierlich weiterentwickelt, um den Anforderungen einer zunehmend komplexen und flexibleren Produktion gerecht zu werden. Ein großer Fortschritt konnte durch den Einbezug von Mobile Computing in diverse Unternehmensprozesse erzielt werden. Als Allrounder im

---

Die Originalversion dieses Kapitels wurde revidiert. Die falsche alphanumerische Kodierung einiger Literaturangaben in dem Literaturverzeichnis wurde korrigiert. Ein Erratum ist verfügbar unter https://doi.org/10.1007/978-3-662-61580-5_10

Bereich Multimedia ermöglichen mobile Endgeräte, dass Aufgaben, die bislang an einen Ort gebunden waren, nun überall durchgeführt werden können [Sch13]. Darüber hinaus erlebt der genannte Bereich mit dem Wearable Computing einen zusätzlichen Trend, bei dem sich mobile Systeme z. B. in Accessoires oder Kleidung integrieren lassen [Amf17].

Mobile Computing bezeichnet den Einsatz von Computern in einer beliebigen Umgebung und egal zu welchem Zeitpunkt. Der damit verbundene Zugang zu Informationen, Diensten und Applikationen ermöglicht die Kommunikation zwischen mobilen Geräten und lokalen Computern [Mas09]. Bei den Geräteklassen unterscheidet man grundsätzlich zwischen Notebooks, Tablets, Smartphones und Wearables [Lös17].

Die Geräte im Bereich Mobile Computing weisen drei zentrale Eigenschaften auf [Mas09]:

1. Drahtlose Kommunikation – bezieht sich auf die Fähigkeit, dass die Geräte kabellos interagieren können und damit die Flexibilität hoch ist.
2. Mobilität – beschreibt die Eigenschaft der Geräte, dass sie schnell und ohne Aufwand den Standort wechseln können und trotzdem voll funktionsfähig bleiben.
3. Tragbarkeit – das geringe Ausmaß an Größe und Gewicht sowie die spezielle Beschaffenheit der Objekte befähigen den Nutzer dazu, diese dauerhaft mit sich zu tragen. Die Geräte sind komfortabel und verfügen über einen aufladbaren Akku.

Unternehmen, die mobile Endgeräte für ihre Geschäftsprozesse einsetzen, werden auch Mobile Enterprises genannt. Bei den Applikationen differenziert man zwischen Business Apps, die praktische Funktionen für einen großen Nutzerkreis bereitstellen und Enterprise Apps, die speziell auf ein Unternehmen zugeschnitten sind [Sti12].

Unter Wearable Computing versteht man den Einsatz von Computersystemen, die permanent am Körper getragen und bedient werden können. Es handelt sich um kleine Devices, die in quasi allen Situationen zum Einsatz kommen können, bei denen Laptops bspw. aufgrund ihrer schlechteren Handhabbarkeit an ihre Grenzen stoßen [Mal09]. Sogenannte Wearables lassen sich in drei Gruppen einteilen: Smartes Zubehör wie z. B. Smartwatches oder Datenbrillen, smarte Kleidung und smarte Hautanwendungen [Amf17].

Ferner besitzen diese Computer folgende grundlegende Charakteristik [Rho97]:

1. Sensorik – neben klassischen Benutzereingaben beinhalten die Geräte spezielle Sensorik für z. B. drahtlose Kommunikation, GPS, Kameras oder Mikrofone.
2. Bereitschaft – die Devices sind grundsätzlich immer angeschaltet und führen im Hintergrund ihre Arbeit aus.
3. Tragbarer Gebrauch – die Geräte sind portabel und stehen dem Nutzer auch beim Laufen oder jeglichen anderen Bewegungen bereit.
4. Freihändige Nutzung – der Anwender hat die Möglichkeit, Wearables größtenteils freihändig und mit hilfreicher Sprach- und Gestensteuerung zu benutzen.
5. Proaktivität – die Geräte sind jederzeit in der Lage, Informationen an den Benutzer zu übermitteln, auch wenn dieser gerade einer anderen Tätigkeit nachgeht.

Bei den Wearables unterscheidet man zwischen den Geräten mit reiner Input-/Output-Funktion (z. B. Datenbrillen) und jenen, die zusätzlich noch mit einem Prozessor ausgestattet sind, um gezielte Anwendungen zu betreiben (z. B. Smartwatches) [Win17].

Potenziale und wirtschaftlicher Nutzen Mobile und Wearable Computing bieten mittlerweile ein enormes Potenzial im industriellen Bereich, was sich bei diversen Gebieten erkennen lässt.

Beim Thema Planung und Berichterstattung verspricht der Einsatz von mobilen Endgeräten einen großen Mehrwert, indem man zeit- und ortsunabhängig auf erforderliche Daten zugreifen kann. Die oftmals unflexible Bindung an einen stationären Arbeitsplatz lässt sich zudem aufheben. Führungskräfte sind in der Lage, mobile Informationen für fundiertere und beschleunigte Entscheidungsprozesse zu nutzen. Daraus resultieren grundsätzlich schnellere Maßnahmen in Bezug auf wettbewerbsrelevante Angelegenheiten wie z. B. veränderte Marktbedingungen oder Kundenanforderungen [Shö12].

Des Weiteren ermöglichen Mobile und Wearable Computing eine effizientere Bewältigung von Tätigkeiten, indem Mitarbeiter jederzeit Informationen wie Auftragsdaten oder Arbeitsschritte abrufen können. Gleichzeitig führen die umfassenden Kontroll- und Hilfsfunktionen zu einer Reduzierung von Fehlern und der kognitiven Belastung. Positive Effekte zeigen sich beim Austausch von Kollegen untereinander und der Zusammenarbeit zwischen Mitarbeitern unterschiedlicher Hierarchiestufen. Mobile Geräte optimieren die Informationssuche, senken den Qualifikationsbedarf und erleichtern Führungskräften die Koordinierung von Arbeitsaufträgen [Mät18].

Neben dem Vorteil, dass Mitarbeiter generell leichter zu erreichen sind, ergeben sich Chancen bei der Speicherung von Wissen. So können Mitarbeiter jederzeit wichtige Gedanken festhalten oder Dinge dokumentieren. Mobile Enterprises ermöglichen den Zugang zu Echtzeitdaten und spontanen Informationsanfragen. Die Produktivität der Mitarbeiter und deren Zufriedenheit steigt dadurch [Sti12].

Großes Potenzial erhofft man sich durch den Ausbau von Mensch-Maschine-Schnittstellen, denn mithilfe intelligenter Devices sind Mitarbeiter in der Lage, noch effektiver mit Maschinen zu interagieren. Wearables tragen u. a. dazu bei, dass Arbeitsplätze auf Shop-Floor-Ebene noch sicherer werden. Smartes Equipment übermittelt gezielt Sicherheitshinweise und verfügt über Sensorik, die Werker aktiv vor Gefahren bewahrt. Ferner kommen Wearables im Rahmen von VR- und AR-Anwendungen zum Einsatz, was weitere Vorteile bringt [Ple15]. Mobile Computing macht belastenden Papierkram überflüssig und bewirkt eine schnelle und genaue Übertragung von Daten. Zahlreiche Chancen der Technologien lassen in Verbindung mit den überschaubaren Anschaffungskosten einen hohen Return on Investment erwarten [PCD16].

Aktueller Stand und Use Cases Die International Data Corporation (IDC) beschäftigt sich regelmäßig mit dem globalen Absatzmarkt von Wearables. Die letzte Studie prognostiziert einen Wert von 198,5 Mio. weltweit verkauften Einheiten bis Ende des

Jahres 2019, was eine Steigerung um 15,3 % im Vergleich zum Vorjahr bedeutet. Bis zum Jahr 2023 soll die Stückzahl der abgesetzten Geräte einen Wert von 279 Mio. Einheiten erreichen, was einem weiteren jährlichen Wachstum von 8,9 % entsprechen würde [IDC19b].

Das Fraunhofer-Institut hat fast 700 Leute, darunter Unternehmenspraktiker und Experten aus dem Bereich Industrie 4.0, zum Thema zukünftige Arbeit im produzierenden Gewerbe interviewt. Bei der Frage, ob Produktionsmitarbeiter mobile Kommunikationstechnik zunehmend im Arbeitskontext nutzen werden, stimmten 51,6 % der Personen zu. Fast 73 % der Befragten bestätigten, dass Mobile Computing neue Perspektiven bei der Nutzung von aktuellen Produktionsdaten schafft. Darüber hinaus war sich die Mehrheit der Leute darüber einig, dass der Einsatz mobiler Endgeräte den Aufwand der Dokumentation stark senkt und zugleich deren Qualität erhöht [Gan13].

Das Unternehmen *ProGlove* hat einen Handschuh entwickelt, der auf dem Handrücken mit einer befestigten Computereinheit und einem Auslöser versehen ist. Das Wearable ist in der Lage, mittels Scanmodul 1-D und 2-D-Barcodes zu erfassen, diese Informationen an einen Access Point zu übermitteln und anschließend Rückmeldung über die ausgeführte Aktion zu erhalten. Damit wird eine freihändige Dokumentation von Arbeitsschritten möglich und der Nutzer wird durch zuverlässiges Feedback vor Fehlern bewahrt. Einzelne Aktionen, wie etwa der regelmäßige Griff zum Pistolenscanner, entfallen und bringen einen großen Zeitgewinn. Beim Automobilhersteller *BMW* ist man von der Effizienz- und Qualitätssteigerung durch die Nutzung des Wearable-Handschuhs überzeugt. So wird dieser bspw. am Standort Dingolfing im Hochregallager eingesetzt. Daraus resultierte eine Ersparnis von fünf Sekunden pro Scanvorgang und in Summe viertausend Minuten Arbeitszeit pro Tag [Kir17].

Die Sparte für Automatisierungstechnik von *Siemens* hat im letzten Jahr eine App für die Sicherung der Produktionsumgebung herausgebracht. Diese funktioniert so, dass Werksmitarbeiter bei Defekten von Maschinen bzw. Anlagen oder mangelndem Material unmittelbar eine Benachrichtigung mit genauen Lösungsansätzen auf ihr Smartphone oder ihre Smartwatch erhalten. Für die Nutzung der App werden lediglich ein Admin-PC, ein W-Lan-Netzwerk und die mobilen Endgeräte benötigt [Jus18].

5.2 Virtual und Augmented Reality

Beschreibung Dieses Kapitel befasst sich mit zwei Technologien, die mittlerweile eine ernstzunehmende Rolle in Digitalisierungsprojekten der Industrie spielen. Die Rede ist von Virtual Reality (VR) und Augmented Reality (AR) [Gau11].

Für den Durchbruch in der Öffentlichkeit sorgte die Firma Oculus im Jahr 2014 mit dem Verkauf erster VR-Headsets im Konsumgüterbereich. Es folgten schnell ähnliche Produkte von anderen Herstellern wie bspw. HTC, mit ebenfalls bezahlbaren Preisen. Das Thema

AR erlangte besonders durch den enormen Erfolg des Smartphone-Spiels „Pokemon Go"
2016 große Bekanntheit [Arn18].

Was versteht man unter VR und AR?

Virtual Reality, auch virtuelle Umgebung genannt, umfasst die computer-
erzeugte Darstellung einer dreidimensionalen Welt unter der Verwendung geeigneter
Mensch-Maschine-Schnittstellen. Der jeweilige Benutzer ist in der Lage, darin mit
virtuellen Objekten zu interagieren [Bry96].

Augmented Reality soll dem Benutzer dazu dienen, die Realität sinnvoll zu ergänzen,
anstatt diese wie bei VR vollständig zu ersetzen. Somit kann die reale Umgebung mit
virtuellen Objekten in Echtzeit überlagert werden, sodass der Eindruck entsteht, als
würden diese zusammen mit den realen Objekten in einem Raum existieren [Azu97].

Innerhalb der Mixed Reality variiert der Grad der Virtualität. Abb. 5.1 veranschau-
licht das Spektrum zwischen realer und virtueller Umgebung, sodass AR mit vereinzelt
virtuellen Elementen weiter links zu finden ist, während sich VR ganz rechts einordnet.

VR-Systeme bestehen grundsätzlich aus den folgenden Komponenten [Rad14]:

1. Software/Datenbanken – werden als Basis benötigt, um umfassende 3D-Inhalte für
   die zu erzeugende virtuelle Welt bereitzustellen.
2. VR-Engine – berechnet die Computergraphiken in Echtzeit und veranlasst notwendige Veränderungen der Inhalte bei der Interaktion mit dem Benutzer.
3. Ein-/Ausgabegeräte – über Eingabegeräte kann der Benutzer Einfluss auf die virtuelle
   Umgebung nehmen, während ihm diese gleichzeitig über ein verbundenes Ausgabe-
   gerät (meist VR-Brille) angezeigt wird.

Klassische Einsatzgebiete für VR-Anwendungen im Umfeld der Industrie sind bspw.
Analysen von komplexen Entwürfen, die virtuelle Besichtigung von zukünftigen
Anlagen oder die lebendige Vorstellung von Produkten. VR erfährt zudem große
Begeisterung im Bereich der Aus- und Weiterbildung [Bra18].

Systeme im Bereich AR basieren auf fünf zentralen Elementen. Zunächst wird von
einer Kamera eine Videoaufnahme aus dem Sichtfeld des Benutzers erzeugt. Mithilfe von Tracking kann die Position des Betrachters bzw. der verwendeten Kamera
permanent ermittelt werden. Auf Basis der Lageinformationen werden die virtuellen
Inhalte durch die Registrierung in das Koordinatensystem der realen Umgebung ver-
ankert. Die Darstellung sorgt dafür, dass die Aufnahme an den richtigen Stellen mit

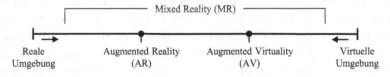

Abb. 5.1 Reality-Virtuality Kontinuum. (Quelle: Milgram/ Kishino [Mil94], bearbeitet von
J.Pistorius)

den virtuellen Dingen wiedergegeben wird. Der Anwender erhält den Zugang zur AR schließlich mit der Ausgabe der Videobilder über (aktuell) Smartphone, Tablet oder Datenbrille [Bro13].

Typische Anwendungsbereiche für AR umfassen z. B. die Einblendung von Arbeitsanweisungen bei Montagevorgängen oder Schulungen sowie die Abfrage von Maschinendaten für Wartung und Instandhaltung. Ferner sind Systeme im Einsatz, die Arbeiter in ihrer Wahrnehmung stärken oder die Mensch-Maschine-Interaktion erweitern [Jos17].

Potenziale und wirtschaftlicher Nutzen AR und VR haben ihren Ursprung zwar im Bereich Multimedia und Gaming, jedoch kommen zunehmend wertvolle Nutzungs-möglichkeiten in der Fertigungsindustrie auf.

VR ermöglicht Unternehmen eine enorme Verbesserung der Produktentwicklung. Beteiligte Personen können den aktuellen Stand des Produkts mit all seinen Merkmalen in der virtuellen Welt betrachten und ortsunabhängig zusammenarbeiten. Damit lassen sich Entwicklungszeiten verkürzen, Kosten für Prototypen sparen, Fehler früh-zeitig erkennen und die Prozesseffizienz steigern. Des Weiteren können Produktions-linien oder komplexe Arbeitsschritte bei VR-Einsatz detailliert betrachtet werden, um so Optimierungspotenziale zu erkennen und die Produktivität zu erhöhen. Ferner profitiert der Austausch zwischen Kunden und Herstellern. So sind Kunden künftig in der Lage, Produkte mittels VR bereits vor ihrer eigentlichen Entstehung „lebendig" zu erleben, um leichter Kaufentscheidungen zu treffen oder konkrete Änderungen vorzu-schlagen. Die Hersteller ersparen sich kostenintensive Nachbesserungen und stellen gleichzeitig die Zufriedenheit der Kunden sicher. VR-Anwendungen eignen sich hervor-ragend für Schulungszwecke unterschiedlichster Art, durch die Personalkosten gespart werden können. Im Vergleich zur Nutzung von klassischen Anleitungen in Papierform oder als Video, lassen sich auf diese Weise größere Lernerfolge erzielen. Meetings in VR-Umgebungen ermöglichen hautnahe Gespräche, bei denen die Teilnehmer realitäts-nah mit Augenkontakt und Körpersprache kommunizieren [Zul18].

AR-Systeme sind im Bereich der Montage äußerst gefragt. Über Projektionen in die reale Umgebung können Arbeitsschritte oder Zusatzhinweise eingeblendet werden, wodurch sich Genauigkeit und Bearbeitungsgeschwindigkeit stark erhöhen. Mitarbeiter auf Shop-Floor-Ebene haben daneben die Möglichkeit, sich den Status von Maschinen mittels AR-Anwendungen virtuell und in Echtzeit anzeigen zu lassen, um so z. B. Probleme zu identifizieren [RobOJ]. Ein weiteres Potenzial entsteht rund um das Thema Support. AR-Nutzer erhalten Unterstützung von Experten, welche die Probleme über Videoaufnahmen aus der Ferne erkennen können und mittels Anweisungen per Sprache oder eingeblendeten Zeichen Abhilfe schaffen. Ähnliches gilt für die Instandhaltung, sodass Maßnahmen nicht erst in irgendeinem Handbuch nachgelesen werden müssen, sondern mithilfe von AR-Systemen visualisiert und vom Anwender direkt ausgeführt werden können. Somit werden Maschinenstillstände zielsicher behoben und unnötige

Kosten vermieden. Analog zu VR bietet AR innovative Ausbildungsformen und trägt mit interaktiven Informationen zur Qualitätssicherung bei [Jue18].

Aktueller Stand und Use Cases Eine Studie von Deloitte beziffert den B2B-Umsatz mit Virtual-, Augmented- und Mixed Reality in Deutschland im Jahr 2018 auf 541 Mio. Euro. Für das Jahr 2019 werden 694 Mio. prognostiziert und für 2020 erwartet man einen Umsatz von 841 Mio. Euro, was einen Anstieg um 55 % seit 2018 bedeutet [Del16].

Laut IDC werden 2019 weltweit voraussichtlich 8,9 Mio. Headsets für VR und AR ausgeliefert. Prognosen ergeben hier ein beachtliches jährliches Wachstum von 66,7 % bis zum Jahr 2023, in dem ca. 70 Mio. Geräte umgesetzt werden sollen [IDC19a].

Beim Flugzeugbauer *Boing* nutzen Techniker AR-Systeme, um sich Schaltpläne für die Flugzeugverkabelung in ihrem Sichtfeld anzeigen zu lassen, sodass sie freihändig arbeiten können. Dadurch konnte die Arbeitszeit um 25 % reduziert und die Produktivität um 40 % erhöht werden. Bei *Ford* kommen VR-Anwendungen zum Einsatz, um die Bewegung des Menschen während der Montage durch Bewegungssensoren zu erfassen und die Abläufe gegebenenfalls neu festzulegen. Damit ließen sich 90 % der Probleme in Bezug auf die Ergonomie beheben und gleichzeitig ein Rückgang der Gesundheitsschäden bei Mitarbeitern um 70 % erzielen. Die Ingenieure und Produktdesigner von *BMW* machen bei der Produktentwicklung häufig Gebrauch von VR-Simulationen. Darin lassen sich diverse Komponenten gründlich begutachten, ohne diese real anzufertigen oder montieren zu müssen. In Folge ergeben sich deutliche Kosteneinsparungen entlang des gesamten Engineering-Prozesses [Cap18].

Zur Vermarktung der neuen E-Tron-Serie setzt *Audi* neuerdings auf VR-Technologie. Dazu wurde eine Anwendung entwickelt, mit der man das Fahrzeug in der virtuellen Umgebung erleben kann. Dem Nutzer wird neben einem detaillierten Rundumblick von innen und außen, sogar ein interaktives Fahrerlebnis in der Wüste geboten. Interessenten haben so die Möglichkeit, die Eigenschaften des Autos in Aktion kennenzulernen und behalten das Produkt positiv in Erinnerung [Sen18].

Das Unternehmen *Bosch* hat gute Gründe für die Nutzung von AR in seinen Kfz-Werkstätten. Die Mechatroniker werden dort mit Tablets ausgestattet, um schneller Informationen über erforderliche Werkzeuge oder Arbeitsschritte zu erhalten [Jos17].

5.3 Digitaler Zwilling

Beschreibung Die Bedeutung von Digitalisierung, Modularität und Konnektivität im Kontext der Automatisierung nimmt weiter zu. Die zunehmende Digitalisierung in jeder Phase der Produktion bietet den Herstellern die Möglichkeit, ein höheres Produktivitätslevel zu erreichen. An dieser Stelle kommt der digitale Zwilling als Schlüsseltechnologie ins Spiel [Ros15]. Der Begriff wurde erstmals 2010 in einer Technologie-Roadmap der NASA aufgegriffen. Gemeint war ein Modell, welches das

Verhalten eines Raumfahrzeugs simulierte, um die Wahrscheinlichkeit einer erfolg-
reichen Mission zu erhöhen [NASA10]. Der deutsche Suchbegriff „Digitaler Zwilling"
wurde bereits über zwei Millionen Mal in Google gesucht, auch wenn eine einheitliche
Definition bislang fehlt [Köh18].

Allgemein versteht man unter dem Digitalen Zwilling ein virtuelles Abbild von
Produkten, Dienstleistungen oder Prozessen (siehe Abb. 5.2). Sie sind in der Lage,
materielle als auch nicht materielle Dinge zu beschreiben. Dabei spielt es keine Rolle, ob
das Gegenstück bereits in der Realität vorhanden oder erst in Planung ist. Ziel ist es, dass
ein Zwilling möglichst alle Informationen über sein Spiegelbild enthält [Kuh17]. Die
Besonderheit des Digital Twins ist, dass dieser über diverse Schnittstellen mit Daten aus
dem laufenden Betrieb in Echtzeit versorgt wird und somit eine permanente Optimierung
ermöglicht. Der digitale Zwilling dient zur Speicherung von Lebenszyklusinformationen
und der Durchführung nützlicher Simulationen [Kün19].
     Einer Studie von Deloitte zur Folge setzt sich ein digitaler Zwilling grundsätzlich aus
vier Bestandteilen zusammen [Del17]:

- Sensorik zur Erfassung von aktuellen Zuständen,
- Konnektivität, um Dinge miteinander zu verbinden,

Abb. 5.2 Digitaler Zwilling. (Quelle: Siemens AG)

- Strukturierung von Daten inklusive anwendbarer Analyse-Funktionen,
- Benutzerschnittstellen zur gezielten Visualisierung von Informationen.

Bei den Arten von digitalen Zwillingen wiederum unterscheidet man prinzipiell drei Kategorien [Hub18]:

1. Digitaler Zwilling des Produkts – bezieht sich auf die Produktentwicklung, inklusive CAS-Modellen und Prüfmerkmalen. Erlaubt die Simulation und Kontrolle von Produkteigenschaften, angepasst an die entsprechenden Bedürfnisse.
2. Digitaler Zwilling der Produktion – bildet den Einsatz von Maschinen und Anlagen bis hin zu ganzen Fertigungslinien in der virtuellen Fabrikumgebung ab. Ermöglicht individuelle Massenproduktion, da auch komplizierte Produktionsprozesse in kürzester Zeit mühelos berechnet, geprüft und programmiert werden können.
3. Digitaler Zwilling der Performance – wird permanent mit neuen Informationen oder Parametern über Produkte bzw. Produktionsanlagen versorgt und fungiert so als eine Art Gedächtnis. Beispielsweise können Daten über die Qualität eines Produkts oder der Energieverbrauch einer Maschine laufend verfolgt werden.

Typische Anwendungsgebiete der Technologie sind unter anderem die Planung von Produktion und Logistik, die Entwicklung von Produkten und Anlagen, als auch die Qualitätssicherung. Die digitalen Abbilder können praktisch überall entlang der gesamten Prozesskette verwendet werden. Fabriken erhalten so künftig eine Art zweite Existenz [FIPOJ].

Potenziale und wirtschaftlicher Nutzen Auf Grundlage des digitalen Zwillings und den damit verbundenen Einsatzmöglichkeiten ergeben sich eine Menge Optimierungspotenziale.

Ein großer Vorteil ist, dass sich die Entwicklungs- und Einführungsdauer von Produkten und Prozessen deutlich verkürzen lässt, da diese bereits im Vorfeld mithilfe von Simulationen optimiert werden. In der digitalen Umgebung lassen sich Umstrukturierungen oder Neugestaltungen ausgiebig erproben. So spart man die Kosten für aufwendige reale Tests und gewinnt wertvolle Zeit im Wettlauf gegen die Konkurrenz. Durch die umfassende Überwachung von Prozessen mittels Echtzeit-Daten können fatale Produktionsfehler oder Maschinenstillstände frühzeitig erkannt oder ganz vermieden werden. Darauf aufbauend lassen sich auch vorausschauende Wartungen durchführen (Abschn. 4.3) [Tay17].

Digitale Zwillinge führen ferner zu einer Steigerung der Effizienz in der Produktion, indem das digitale Monitoring zur Analyse und Auswahl der optimalen Betriebsparameter beiträgt und diese anschließend implementiert werden können. Frühere Erfahrungswerte und Vergleichsdaten fließen in die effektive virtuelle Planung von

Anlagen ein und ersparen so umfangreiche Engineering-Tätigkeiten bei der Inbetrieb-
nahme [Köh18]. Die unterschiedlichen Steuerungsmöglichkeiten, die der Einsatz der
Technologie mit sich bringt, erhöhen die Gesamtflexibilität in der Fertigung. Zudem sind
Unternehmen in der Lage, schnelle und genaue Absprachen mit Zulieferern hinsichtlich
Produkt- oder Prozesseigenschaften zu treffen [Lub18].

Die umfassende Integration automatisierter Kontrollmechanismen entlang der
Prozesskette gewährleistet eine permanente Sicherung der Qualität. Die Fülle an
transparenten Informationen, kombiniert mit der Nutzung von Simulations- und
Analyse-Tools, macht den digitalen Zwilling zu einem erfolgsversprechenden
Instrument, um in Zukunft Potenziale zu erschließen und weiteres Wachstum zu erzielen
[Del17].

Aktueller Stand und Use Cases Eine Umfrage von Gartner befasst sich mit rund 600
Unternehmen aus sechs Nationen (u. a. Deutschland) zum Thema Digital Twin. Dabei
kam heraus, dass 13 % der Firmen die Technologie im Jahr 2018 eingesetzt haben,
während weitere 62 % angeben, eine Implementierung binnen des nächsten Jahres
umsetzen zu wollen [Gar19]. Ergänzend dazu fand PWC in einer Studie heraus, wie
häufig welche Art des digitalen Zwillings in deutschen Industrieunternehmen 2017
genutzt wurde, bzw. wie die Prognosen für das Jahr (2022) aussehen: Zwilling des
Produkts 23 %/(43 %), Zwilling der Produktion 19 %/(44 %), Zwilling der Performance
18 %/(39 %) [PwC17]. Die Einsatzhäufigkeit nach dem Zweck der Anwendung wurde
in einem IT-Report der VDMA untersucht. So geben 95 % der Unternehmen an,
digitale Zwillinge in Bezug auf Konstruktionsaufgaben zu verwenden. Weitere 86 %
entfallen auf Anwendungen für die Konzept- und Entwurfsphase. Abbilder in der
Produktion, Inbetriebnahme oder Arbeitsvorbereitung sind mit maximal 50 % bislang
noch schwächer vertreten, aber gelten zugleich als großes Potenzial für die Zukunft der
wachsenden Simulationsaufgaben [VDMA17].

Das Digital-Enterprise-Angebot von *Siemens* bietet Kunden umfassende Möglichkeiten zur Umsetzung von Industrie 4.0 Projekten. Diesen Rahmen nutzt z. B. der
Sondermaschinenbauer *Bausch + Ströbel* für eine Optimierung des Engineerings. An
dem Punkt an dem früher individuelle Prototypen aus Holz angefertigt wurden, entstehen
heute digitale Modelle, die auf Basis der Daten aus dem internen Visualisierungscenter
erstellt werden können. Mitarbeiter sind in der Lage, die digitalen Zwillinge so lange
zu optimieren, bis sie den Anforderungen der Kunden entsprechen. Der aktuelle Stand
kann mittels Virtual Reality jederzeit zum Anfassen nah auf einer Leinwand präsentiert
werden. Durch zusätzliche virtuelle Simulationen der Maschinen-Inbetriebnahme
können später unnötige Fehler vermieden und reale Vorgänge beschleunigt werden.
Das Unternehmen erwartet sich durch die Maßnahmen eine Effizienzsteigerung von
mindestens 30 % bis zum Jahr 2020 [Sie17].

Der italienische Automobilhersteller *Maserati* konnte durch den Einsatz von digitalen
Zwillingen die Entwicklungszeit seiner Sportwagen um die Hälfte reduzieren. Beim pan-
europäischen Flugzeugbauer *Airbus* kommt die Technologie bei der Koordination von

12.000 Partnern zur Anwendung, die für den Bau eines Flugzeugs Millionen von Einzelteilen liefern [Vog19]. Der Sportwagenhersteller *Porsche* setzt digitale Abbilder ein, um alle Produktionsschritte in Echtzeit zu verfolgen. Dadurch kann u. a. ein effektives Qualitätsmanagement realisiert werden [Hub18].

Literatur

[Amf17]   Amft, O., van Laerhoven, K.: What will we wear after smartphones? IEEE Pervasive Comput. **4**(16), 80–81 (2017)

[Arn18]   Arnaldi, B., et al.: New applications. In: Arnaldi, B., Guitton, P., Moreau, G. (Hrsg.) Virtual Reality and Augmented Reality, S. 3. ISTE; Wiley, London, Hoboken (2018)

[Azu97]   Azuma, R.T.: A survey of augmented reality. Presence: Teleoperators and Virtual Environments **4**(6), 355–356 (1997)

[Bra18]   Bracht, U., Geckler, D., Wenzel, S.: Digitale Fabrik: Methoden und Praxisbeispiele. Basis für Industrie 4.0, 2. Aufl, S. 145. Springer Vieweg, Wiesbaden (2018)

[Bro13]   Broll, W.: Augmentierte Realität. In: Dörner, R., et al. (Hrsg.) Virtual und Augmented Reality (VR/AR), S. 242–245. Springer Vieweg, Wiesbaden (2013)

[Bry96]   Bryson, S.: Virtual reality in scientific visualization. Commun. ACM **5**(39), 62 (1996)

[Cap18]   Capgemini SE: Augmented and virtual reality in operations: A guide for investment, S. 4–5. https://www.capgemini.com/wp-content/uploads/2018/09/AR-VR-in-Operations1.pdf (2018). Zugegriffen: 29. Mai 2019

[Del16]   Deloitte GmbH: Head Mounted Displays in deutschen Unternehmen: Ein Virtual, Augmented und Mixed Reality Check, S. 11. https://www2.deloitte.com/content/dam/Deloitte/de/Documents/technology-media-telecommunications/Deloitte-Studie-Head-Mounted-Displays-in-deutschen-Unternehmen.pdf (2016). Zugegriffen: 29. Mai 2019

[Del17]   Deloitte GmbH: Grenzenlos vernetzt: Smarte Digitalisierung durch IoT, Digital Twins und die Supra-Plattform, S. 5, 10. https://www2.deloitte.com/content/dam/Deloitte/de/Documents/technology-media-telecommunications/TMT_Digital_Twins_Studie_Deloitte.pdf (2017). Zugegriffen: 5. Mai 2019

[FIPOJ]   Fraunhofer IPK: Smarte Fabrik 4.0 – Digitaler Zwilling. https://www.ipk.fraunhofer.de/fileadmin/user_upload/IPK/publikationen/themenblaetter/vpe_digitaler-zwilling.pdf (o. J.). Zugegriffen: 5. Mai 2019

[FIWOJ]   Fraunhofer IWU: Ressource Daten als neuer Produktionsfaktor – Fraunhofer IWU. https://www.iwu.fraunhofer.de/de/forschung/leistungsangebot/kompetenzen-von-a-bis-z/produktionsmanagement/Industrie-40/Ressource-Daten-als-neuer-Produktionsfaktor.html (o. J.). Zugegriffen: 28. Juni 2019

[Gan13]   Ganschar, O., et al.: Vernetzung und mobile Kommunikation – ein großes Potential. In: Spath, D. (Hrsg.) Produktionsarbeit der Zukunft – Industrie 4.0, S. 57–65. Fraunhofer Verlag, Stuttgart (2013)

[Gar19]   Gartner Inc.: Gartner survey reveals digital twins are entering mainstream use. https://www.gartner.com/en/newsroom/press-releases/2019-02-20-gartner-survey-reveals-digital-twins-are-entering-mai (2019). Zugegriffen: 7. Mai 2019

[Gau11]   Gausemeier, J., et al.: Design and VR/AR-based testing of advanced mechatronic systems. In: Ma, D., et al. (Hrsg.) Virtual Reality & Augmented Reality in Industry, S. 7. Jiao Tong University Press und Springer, Shanghai, Berlin (2011)

[Hub18]   Huber, W., Weber, U.: Wie Unternehmen von einem digitalen Zwilling profitieren. https://www.computerwoche.de/a/wie-unternehmen-von-einem-digitalen-zwilling-profitieren,3544454 (2018). Zugegriffen: 5. Mai 2019

[IDC19a]   IDC: Augmented Reality and Virtual Reality Headsets Poised for Significant Growth, According to IDC. https://www.idc.com/getdoc.jsp?containerId=prUS44966319 (2019). Zugegriffen: 29. Mai 2019

[IDC19b]   IDC: IDC Forecasts steady double-digit growth for wearables as new capabilities anduse cases expand the market opportunities. https://www.idc.com/getdoc.jsp?cont ainerId=prUS44930019 (2019). Zugegriffen: 6. Juni 2019

[Jos17]   Jost, J., et al.: Der Mensch in der Industrie – Innovative Unterstützung durch Augmented Reality. In: Vogel-Heuser, B., Bauernhansl, T., ten Hompel, M. (Hrsg.) Handbuch Industrie 4.0, Bd. 1, 2. Aufl, S. 158, 164. Springer Vieweg, Wiesbaden (2017)

[Jue18]   Juegostudio Private Limited: 8 Benefits of Using Augmented Reality in Manufacturing. https://www.juegostudio.com/blog/benefits-of-using-augmented-reality-in-manufacturing (2018). Zugegriffen: 28. Mai 2019

[Jus18]   Juschkat, K.: Maschinen melden Probleme direkt an Mitarbeiter: App. https://www.elektrotechnik.vogel.de/maschinen-melden-probleme-direkt-an-mitarbeiter-a-771073/ (2018). Zugegriffen: 7. Juni 2019

[Kir17]   Kirchner, T., Ouertani, T.: Wearables für das „Industrielle Internet der Dinge". In: Lucks, K. (Hrsg.) Praxishandbuch Industrie 4.0, S. 703–705. Schäffer-Poeschel, Stuttgart (2017)

[Köh18]   Köhler, H.-J.: Spiegelbild mit Potenzial. Best Practise 3(2018), 9–10 (2018)

[Kuh17]   Kuhn, T.: Digitaler Zwilling. Informatik Spektrum 5(40), 440 (2017)

[Kün19]   Künzel, M., Kraus, T., Straub, S.: Kollaboratives Engineering: PAiCE Studie, S. 11.   https://www.digitale-technologien.de/DT/Redaktion/DE/Downloads/ Publikation/2019-04-01-paice-studie-engineering.pdf?__blob=publicationFile&v=2 (2019). Zugegriffen: 5. Mai 2019

[Lös17]   Lösel, S.: Was ist mobile computing? Definition. https://www.it-business.de/was-ist-mobile-computing-a-634341/ (2017). Zugegriffen: 2. Juni 2019

[Lub18]   Luber, S., Litzel, N.: Was ist ein Digitaler Zwilling? https://www.bigdata-insider.de/ was-ist-ein-digitaler-zwilling-a-728547/ (2018). Zugegriffen: 8. Mai 2019

[Mal09]   Malmivaara, M.: The emergence of wearable computing. In: MacCann, J., David, B. (Hrsg.) Smart Clothes and Wearable Technology, S. 4. CRC Press, Boca Raton (2009)

[Mas09]   Masak, D.: Digitale Ökosysteme: Serviceorientierung bei dynamisch vernetzten Unternehmen, S. 115, 117–119. Springer, Berlin (2009)

[Mät18]   Mättig, B., Jost, J., Kirks, T.: Erweiterte Horizonte – Ein technischer Blick in die Zukunft der Arbeit. In: Wischmann, Steffen, Hartmann, Ernst (Hrsg.) Zukunft der Arbeit – eine praxisnahe Betrachtung, S. 70–72. Springer Vieweg, Wiesbaden (2018)

[Mil94]   Milgram, P., Kishino, F.: A Taxonomy of Mixed Reality Visual Displays. In: IEICE Transactions on Information and Systems. 12/E77-D, S. 1321–1329. (1994)

[NASA10]   NASA: DRAFT Modeling, Simulation, Information Technology & Processing Road-map: Technology Area 11, p. TA11-7. NASA, Washington DC (2010)

[PCD16]   PC Dreams: Key benefits of mobile computing technology|PC Dreams. https://pcdreams.com.sg/key-benefits-of-mobile-computing-technology-4/ (2016). Zugegriffen: 5. Juni 2019

[Ple15]   Plex Systems Inc.: Three ways wearables will change manufacturing. https://www.
           cio.com/article/2982594/three-ways-wearables-will-change-manufacturing.html
           (2015). Zugegriffen: 5. Juni 2019

[PwC17]   PwC GmbH: Digital factories 2020: Shaping the future of manufacturing, S. 26.
           https://www.pwc.de/de/digitale-transformation/digital-factories-2020-shaping-the-
           future-of-manufacturing.pdf (2017). Zugegriffen: 7. Mai 2019

[Rad14]   Rademacher, M.H., Krömker, H., Klimsa, P.: Virtual Reality in der Produktent-
           wicklung: Instrumentarium zur Bewertung der Einsatzmöglichkeiten am Beispiel der
           Automobilindustrie, S. 21–22. Springer Vieweg, Wiesbaden (2014)

[Res16]   Reschke, S.: Industrie 4.0. Europäische Sicherheit & Technik **05**, 84 (2016)

[Rho97]   Rhodes, B.J.: The wearable remembrance agent: A system for augmented memory.
           Personal Technologies **4**(1), 218 (1997)

[RobOJ]   Robinson, A.: 7 ways augmented reality in manufacturing will revolutionize the
           industry. https://cerasis.com/augmented-reality-in-manufacturing/ (o. J.). Zugegriffen:
           28. Mai 2019

[Ros15]   Rosen, R., et al.: About the importance of autonomy and digital twins for the future
           of manufacturing. IFAC-PapersOnLine **3**(48), 567 (2015)

[Sch13]   Schmitt, M., Zühlke, D.: Smartphones und Tablets in der industriellen Produktion
           3(55), 58 (2013)

[Shö12]   Schön, D.: Planung und Reporting im Mittelstand: Grundlagen, Business
           Intelligence und Mobile Computing, S. 301–302. Springer Gabler, Wiesbaden (2012)

[Sen18]   Senatsverwaltung für Wirtschaft, Energie und Betriebe: Virtual Reality/Augmented
           Reality: Bestandsaufnahme und Best Practices, S. 11. https://projektzukunft.berlin.
           de/fileadmin/user_upload/pdf/studien/VR_Zusammenfassung_final.pdf   (2018).
           Zugegriffen: 30. Mai 2019

[Sie17]   Siemens, A.G.: Digitalisierung steigert Engineering-Effizienz. https://automations-
           praxis.industrie.de/industrie-4-0/digitalisierung-steigert-engineering-effizienz/
           (2017). Zugegriffen: 9. Mai 2019

[Sti12]   Stieglitz, S., Brockmann, T.: Mobile Enterprise: Erfolgsfaktoren für die Einführung
           mobiler Applikationen. Zeitschrift: HMD Praxis der Wirtschaftsinformatik **4**(49),
           7–8 (2012)

[Tay17]   Taylor, D.: Advantages of the digital twin in your manufacturing business. https://
           community.plm.automation.siemens.com/t5/Digital-Twin-Knowledge-Base/
           Advantages-of-the-digital-twin-in-your-manufacturing-business/ta-p/432983 (2017).
           Zugegriffen: 8. Mai 2019

[VDMA17]   VDMA e. V.: IT-Report 2017: Simulationswerkzeuge auf dem Vormarsch. https://
           sud.vdma.org/viewer/-/v2article/render/18302246 (2017). Zugegriffen: 7. Mai 2019

[Vog19]   Vogt, M.: Haben Sie schon einen Digitalen Zwilling? https://www.management-
           circle.de/blog/digital-twin/ (2019). Zugegriffen: 9. Mai 2019

[Win17]   Winkelhake, U.: Die digitale Transformation der Automobilindustrie: Treiber –
           Roadmap – Praxis, S. 71. Springer Vieweg, Wiesbaden (2017)

[Zul18]   Zulick, J.: The real benefits of virtual reality in manufacturing. https://www.
           smartindustry.com/blog/smart-industry-connect/the-real-benefits-of-virtual-reality-
           in-manufacturing/ (2018). Zugegriffen: 28. Mai 2019

Neue Fertigungstechnologien und Automatisierung

6

Die vierte industrielle Revolution trägt dazu bei, die klassische Massenproduktion gleichartiger Erzeugnisse in eine deutlich flexiblere Großserienfertigung mit mehr individualisierten Produkten umzufunktionieren. Einen zentralen Faktor stellt dabei die fortschreitende Automatisierung dar, die mittels Integration moderner Produktionstechnik erreicht wird. Es kommen vermehrt technische Einrichtungen zum Einsatz, die menschliche Tätigkeiten sinnvoll ergänzen oder ersetzen [IPHOJ].

Ein höherer Automatisierungsgrad durch geeignete Lösungen führt dazu, dass die Prozesse auf Shopfloor-Ebene noch effizienter gestaltet werden können. Die Technologien Smarte und kollaborative Robotik, Additive Fertigung und Fahrerlose Transportsysteme verkörpern aktuelle Trends im Bereich der Produktionstechnik und werden daher im Folgenden näher betrachtet.

6.1 Additive Fertigung

Beschreibung Additive Fertigung ist ein Verfahren zur wirtschaftlichen Herstellung von Prototypen, Werkzeugen und Endprodukten [Fas16]. Der Einsatz ist abhängig von den eingesetzten Werkstoffen und davon welche Eigenschaften das gefertigte Teil zum Beispiel in Bezug auf Genauigkeit, Temperaturbeständigkeit oder Oberflächengüte erfüllen muss. Typische Werkstoffe sind Metalle, Polymere und Harze [Geb16]. In der VDI-Richtlinie 3405 ist das Verfahren genormt. Man verwendet stellvertretend die

Die Originalversion dieses Kapitels wurde revidiert. Die falsche alphanumerische Kodierung einiger Literaturangaben in dem Literaturverzeichnis wurde korrigiert. Ein Erratum ist verfügbar unter https://doi.org/10.1007/978-3-662-61580-5_10

J. Pistorius, *Industrie 4.0 – Schlüsseltechnologien für die Produktion*,
https://doi.org/10.1007/978-3-662-61580-5_6

Begriffe Additive Manufacturing, 3D Printing beziehungsweise 3D-Druck. Die eigentliche Maschine, bezeichnet man allgemein als einen 3D-Drucker [Geb16].

Während bei subtraktiven Verfahren, zum Beispiel beim Fräsen, die Teile durch Entfernen von Materialien entstehen, ist der 3D-Druck ein generatives Verfahren. Die Teile werden in der gewünschten Geometrie im Schichtbauverfahren hergestellt [Fas16].

Die Abb. 6.1 zeigt das Grundprinzip der Fertigung. Der Aufbau der Schichten erfolgt in nacheinander oder zeitgleich ablaufenden Schritten. Zuerst wird die Schicht generiert (x-y-Ebene) und danach mit der vorhergehenden (z-Richtung) verbunden. Voraussetzung ist ein 3D-Volumenmodell, das mit einem 3D-CAD-System entworfen wird. Der Computer übermittelt die Daten an den Drucker und auf Basis dieser 3D-Daten wird dann automatisiert eine Schicht nach der anderen aufgetragen [Geb16].

Mit Additive Manufacturing (AM) können komplexeste Teile hergestellt werden. Das Design richtet sich nach der gewünschten Funktion des gefertigten Teils und unterliegt nicht Restriktionen durch existierende Fertigungsumgebungen. Die bisher erforderlichen Werkzeuge und Formen entfallen (siehe Abschn. 9.4).

Ein weiterer Vorteil ist, dass die Schichtgeometrie direkt aus den 3D-CAD-Daten erzeugt werden kann. Durch Skalieren aus dem identischem Datensatz können die gewünschten Teile in unterschiedlichen Größen und Materialien gefertigt werden. Additive Verfahren eignen sich daher für eine stückzahlunabhängige und individualisierte Produktion, da die Fertigung ohne Werkzeuge erfolgt und im Bauraum gleichzeitig auch unterschiedliche Bauteile produziert werden können. Die Individualisierung der Teile wird durch einfache Anpassung der 3D-Daten im CAD-System ermöglicht [Geb16].

Additive Fertigung kommt zur Anwendung bei der Fertigung von Prototypen sowie Modellen und wird dann als Rapid Prototyping bezeichnet. Durch den Verzicht von Werkzeugen können im Vorfeld einzelne Produkteigenschaften relativ schnell abgesichert und visualisiert werden. Unter Rapid Manufacturing versteht man die Herstellung von Bauteilen und Endprodukten in Einzel- oder Kleinstserienproduktion. Entscheidend ist, ob bei den gefertigten Produkten die erforderliche Genauigkeit sowie die mechanisch-technologischen Eigenschaften mit den zur Verfügung stehenden

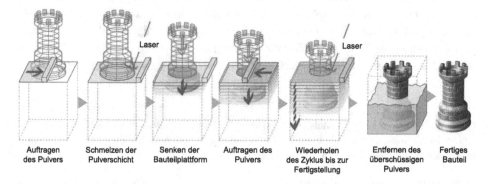

| Auftragen des Pulvers | Schmelzen der Pulverschicht | Senken der Bauteilplattform | Auftragen des Pulvers | Wiederholen des Zyklus bis zur Fertigstellung | Entfernen des überschüssigen Pulvers | Fertiges Bauteil |

Abb. 6.1 Schichtaufbau beim Laserschmelzverfahren. (Quelle: Klocke [Klo15])

Materialien und den Herstellungsprozessen erreicht werden können. Eine Sonderform von additiver Fertigung ist das sog. Rapid Tooling zur Herstellung von Werkzeugen [Geb16].

Additive Fertigung bedient sich unterschiedlicher physikalischer Verfahren. Eine gängige Klassifizierung ist die Unterscheidung nach dem Aggregatzustand des eingesetzten Ausgangsmaterials [Geb16]:

1. Flüssig – die Verfestigung von flüssigen oder pastenförmigen Materialien (z. B. Acrylharz, Epoxidharz) erfolgt durch Polymerisation.
2. Fest – bei der Verwendung von festen Materialen wie Pulvern und Granulaten nutzt man Laser- oder Infrarotstrahler zum Schmelzen beziehungsweise Verfestigen.
3. Gasförmig – bei einem gasförmigen Aggregatzustand funktioniert die Bauschichterzeugung durch chemisches oder physikalisches Abscheiden von Partikeln.

Potenziale und wirtschaftlicher Nutzen Großes Potenzial für die additive Fertigung eröffnet sich bei der Herstellung von Produkten, die mit bisherigen Verfahren aufgrund geometrischer und fertigungstechnischer Limitierung nicht oder nur schwer realisierbar sind. Für den Produktentwickler ergeben sich neue Gestaltungsfreiheiten. Additiv gefertigte Bauteile erlauben eine höhere geometrische Komplexität. So kann man mit Additive Manufacturing zum Beispiel Teile mit unterschiedlichen Wandstärken und filigranen Hohlkörpern fertigen. Außerdem ermöglicht die Additive Fertigung eine Reduzierung von Einzelteilen und fehleranfällige Verbindungen entfallen. Additive Manufacturing erlaubt eine individualisierte Massenfertigung; die Produktion wird auch bei geringen Losgrößen möglich. Mit Additiver Fertigung lassen sich neue Fertigungskonzepte umsetzen. Produkte können beliebig diskontinuierlich überall auf der Welt dezentral produziert werden [Geb16].

Additive Fertigungsverfahren eröffnen neue Geschäftsmodelle. So ist denkbar, dass der Kunde selbst zum Designer und Produzent wird, sofern der Werkstoff, die zur Verfügung stehende Prozesstechnologie und die gewünschte Funktionalität dies erlauben [Klo15]. Es wird möglich, on demand zu produzieren und neue Supply-Chain-Modelle durch dezentrale Produktion entstehen zu lassen. Die Additive Fertigung revolutioniert so das Ersatzteilgeschäft durch Reduzierung der Logistik- und Lagerkosten [Rei17].

Aktueller Stand und Use Cases Im Rahmen von Industrie 4.0 hat die additive Fertigung für die digitale Produktion einen großen Einfluss auf die industrielle Wertschöpfung. Die Produktionsplanung und -steuerung wird bei der Herstellung von komplexen Bauteilen flexibler [Rei17]. Der „Stand-alone-3D-Drucker" entwickelt sich zur integrierten Produktionsanlage. Alle Prozessschritte wie Materialhandling, Schichtaufbau und Nachbehandlung werden integriert und automatisiert [Geb16]. In Zukunft wird es immer mehr Maschinen geben, die mehrere Technologien wie zum Beispiel Fräsen, Lasern und additive Fertigung in einem Gerät vereinen [Fas16].

Eine Befragung von Bitkom ergab, dass 2019 jedes dritte Industrieunternehmen in Deutschland additive Fertigung einsetzt [Bit19]. Roland Berger prognostizierte ein starkes weltweites Wachstum um 71 % von 2018 auf 2019 [Rol13]. Hauptanwender sind die

Branchen Kunststoff, Automobil und Luftfahrt, Maschinenbau, Medizin und Elektronik [EY16].

Boing und *Airbus* sind prominente Beispiele für den Einsatz von additiver Fertigung. Schon lange nutzt man in der Luftfahrtindustrie den 3D-Druck für die Prototypen-herstellung. Mittlerweile produziert man Serienbauteile wie Turbinenschaufeln oder individualisierte Teile für die Inneneinrichtung. Dabei spielt die Gewichtsreduzierung bei gleicher Belastbarkeit eine wichtige Rolle, um das Gesamtgewicht des Flugzeugs und den Kerosinverbrauch zu reduzieren. Die Herstellung von neuartigen, komplexen Teilen ermöglicht eine schnellere Montage. Außerdem können Ersatzteile just in time produziert werden, was Lagerkosten spart. Im Airbus A350 XWB werden 1000 gedruckte Kunststoffteile eingesetzt und damit die Produktionszeit verkürzt [Fas16].

In der Automobilindustrie ist die additive Fertigung etabliert, so produziert das Rapid Technologies Center von *BMW* jährlich 100.000 Teile für den Fahrzeugbau und erreicht eine hohe Wirtschaftlichkeit insbesondere bei kleinen Stückzahlen [Luc17].

In der Medizin und Möbelbranche bieten sich Chancen bei der Fertigung individueller Produkte. In der Medizin verfolgt man die Vision Organe herzustellen, während Möbel-häuser on demand produzieren und so auf Lagerhaltung verzichten können [Fas16].

Im Energiesektor nutzt *Siemens* den 3-D-Druck unter anderem bei der Fertigung von Gasturbinen. Im Interview berichtet Nicolas Witter, Marketingmanager bei Siemens, über die Verbesserungen, die durch den Einsatz von additiv gefertigten Brennerdüsen erzielt wurden. Bei optimierter Geometrie benötigt das Bauteil weniger Platz und der Medienstrom wird weniger stark beeinflusst. Außerdem wurde die Komplexität der Brennerdüse von dreizehn zusammengeschweißten Einzelteilen auf ein gedrucktes Bauteil reduziert. Dadurch verringert sich die Produktionszeit von 26 Wochen auf drei Wochen. Konstruktionsverbesserungen ermöglichen eine niedrigere Betriebstemperatur und tragen zu einer längeren Lebensdauer bei (siehe Abschn. 9.4).

6.2   Smarte und kollaborative Robotik

Beschreibung Das Thema Robotik ist längst keine Neuheit mehr. Roboter haben sich über die Jahre kontinuierlich weiterentwickelt und sind in der Fertigung der Industrie kaum wegzudenken. Sie zeichnen sich durch eine sehr hohe Präzision aus. Ein Roboter kann erlernte Aktionen beliebig oft und exakt wiederholen, ohne dabei zu ermüden oder Fehler zu erzeugen. Aufgrund ihrer Eigenschaften werden sie gezielt für Tätig-keiten eingesetzt, die den Menschen an körperliche Grenzen bringen, sich negativ auf die Gesundheit auswirken oder eine echte Gefahr darstellen. Typische Beispiele für den Robotereinsatz sind das akkurate Lackieren von Teilen oder das präzise Positionieren von schweren Lasten [Wei19].

Die Nutzung von Industrierobotern wird immer günstiger, was deren Einsatz für Unter-nehmen zunehmend interessant macht. Zum einen hängt das mit erforderlichen Schutz-vorrichtungen zusammen, die im Zuge der verbesserten Mensch-Roboter-Kollaboration

(MRK) immer geringer werden und zum anderen mit der wachsenden Anzahl an Roboter-modellen und Herstellern [Tre17]. Gleichzeitig resultiert der vorherrschende Wunsch der Kunden nach individuelleren Produkten in kontinuierlich kleiner werdenden Serien. Dieses allgemein gültige Merkmal der Industrie 4.0 veranlasst die Fertigungsunternehmen oftmals zur Anwendung roboterbasierender Automatisierung [Kro18].

Die Entwicklung im Bereich Robotik bringt drei auffällige Trends mit sich [Für17]:

1. Um neben Bearbeitungsvorgängen auch Transportaufgaben erledigen zu können, werden Greifsysteme teils auf mobilen, ortsunabhängigen Plattformen installiert.
2. Die festen Grenzen zwischen Roboter und Mensch verschwimmen immer mehr, sodass diese zunehmend Hand in Hand zusammenarbeiten.
3. Robotersysteme und deren Umgebung erhalten durch das Integrieren von hoch-wertigen Sensoren noch mehr Intelligenz und Autonomie. Positiv unterstützt wird das Ganze durch smarte Anwendungen aus den Bereichen Big Data und Machine Learning.

Bei den Verfahren zur Programmierung von Industrierobotern unterscheidet man grund-sätzlich zwischen zwei Arten nämlich der Online- und Offlineprogrammierung. Die Onlineprogrammierung wird direkt am oder mit dem Roboter durchgeführt, während dieser aktiv ist. Es besteht hier einerseits die Möglichkeit, den Roboter mit dem Greifer oder der Steuerkonsole zu führen, sodass die erreichten Koordinaten als erlerntes Ver-halten in den Bewegungsablauf abgespeichert werden („Teach-In"). Andererseits können Parameter für Programmabläufe auch unmittelbar über vorhandene Schnittstellen in den Computer oder Control Panels eingegeben werden. Die Offlineprogrammierung stellt dagegen eine Alternative dar, bei der die Programmierung für die Erzeugung des Quell-codes zunächst an einem separaten Computer per 3D-Simulation vorgenommen wird, bevor man diesen auf den Roboter überträgt [Hau13].

Es vollzieht sich ein grundlegender Wandel, bei dem die Roboter weniger als direkte Konkurrenz zu der Arbeitskraft Mensch, sondern viel mehr als eine sinnvolle Unter-stützung angesehen werden. Dafür eignen sich insbesondere kollaborative Roboter, die in der Lage sind, ohne Schutzzaun mit Menschen zu kooperieren (siehe Abb. 6.2) und diese dabei nicht zu verletzen [Hän17]. Die Anforderungen für die Sicherheit bei der Interaktion zwischen Mensch und Roboter sind in der Norm ISO-10218 festgehalten. Eine entscheidende Rolle spielt hier die Begrenzung der Roboterleistung im Rahmen von Sicherheitsfunktionen und eine erfolgreich durchgeführte Risikobeurteilung der jeweiligen Anwendung [Nau14].

Aufgrund der genannten Sicherheitsaspekte gab es beim Einsatz von Robotern in der Vergangenheit oft funktionale Einschränkungen. Sensitive Roboter mit geringerem Gewicht und verbesserter Kraftsensorik ermöglichen flexiblere Lösungen in der Fertigung. So verfügen die von Schaumstoff umhüllten KUKA-Roboter bspw. über diverse Näherungssensoren, die den Roboter bei Annäherung eines Fremdobjekts in seiner Bewegung verlangsamen oder diesen bei Berührung unverzüglich anhalten [Hub18].

Abb. 6.2   Collaborative Robot (Cobot). (Quelle: KUKA AG)

Eine interessante Entwicklung in der Industrie 4.0 ist auch die verstärkte Einbindung der Cloud in den Bereich Robotik. Anwendungen bringen hier zusätzliche Funktionalität wie etwa die Kommunikation zwischen zwei Robotern, das automatische Ausführen von Updates oder die Analyse von Abläufen zu Optimierungszwecken [Hub18].

Potenziale und wirtschaftlicher Nutzen Die Potenziale von Robotersystemen in der Industrie liegen nicht ausschließlich in der Erhöhung des Automatisierungsgrads. So stellt der Einsatz von Robotern eine deutliche Verbesserung der Arbeitsbedingungen dar, indem die Arbeiter von physisch belastenden, sich ständig wiederholenden und stumpfen Tätigkeiten befreit werden können. Gleichzeitig ist das Fachpersonal in der Lage, anspruchsvollere Aufgaben zu übernehmen. Roboter können ihre Arbeit unter jeglichen Bedingungen, egal ob kalt, dunkel oder gefährlich und ohne Pause verrichten. Gleichzeitig sorgen sie für eine konstant hohe Produktqualität, da bei Einhaltung von Präzision, definierten Wiederholungen und Taktraten praktisch keine Fehler entstehen [Sch18].

Die neue Generation der Roboter unterstützt eine hohe Flexibilität in der Fertigung, sodass zwischen programmierten Arbeitsabläufen einfach gewechselt werden kann, um gezielt auf veränderte Kundenwünsche oder Belastungsspitzen zu reagieren und zeitaufwendige Umbauvorgänge zu beschränken (siehe Abschn. 9.1).

Ein weiterer Mehrwert ergibt sich durch mögliche Platzeinsparungen im Vergleich zu starren Automatisierungslösungen. Im Rahmen der zukünftigen MRK lässt sich die durch den Robotereinsatz ohnehin gesteigerte Produktivität noch weiter verbessern und der alternden Gesellschaft entgegenwirken [Ste14]. Die Arbeitskosten können gesenkt werden und wirken sich positiv auf die Produktionskosten in einem Hochlohnland wie Deutschland aus. Eine deutliche Steigerung der Produktionselastizität, mehr Prozesssicherheit und eine bemerkenswerte Reduzierung des Energieverbrauchs sind weitere Chancen, die der Einsatz von Industrierobotern mit sich bringt [Hub18].

Aktueller Stand und Use Cases Bei der Roboterdichte in der Industrie belegte Deutschland mit 322 Robotern pro 10.000 Beschäftigte im Jahr 2017 den dritten Platz weltweit. Nur Südkorea (710) und Singapur (658) zeigten eine höhere Dichte. Die Zahl der Roboterkäufe in Deutschland betrug im gleichen Jahr 21.404 Einheiten und ist im Vergleich zum Vorjahr um knapp 7 % gestiegen. Für die Jahre 2019 bis 2021 wird das Mengenwachstum auf jährlich 5 % in Deutschland und 14 % global geschätzt [Int18].

Das statistische Bundesamt fand heraus, dass im Jahr 2018 mit 16 % fast jedes sechste deutsche Unternehmen in der verarbeitenden Industrie auf Serviceroboter zurückgriff. Dabei ist der Anteil an Robotern in großen Unternehmen (>250 Mitarbeiter) mit 53 % deutlich höher als in Kleinunternehmen (10–49 Mitarbeiter) mit nur 10 % [StB18].

Führende Unternehmen vor allem in der Automobilindustrie vertrauen bereits längere Zeit auf collaborative Robots. Das amerikanische Werk Spartanburg von *BMW* galt als einer der Vorreiter, sodass dort seit 2013 erste Roboter in der Serienproduktion installiert sind, die ohne Schutzzaun an der Seite von Menschen zum Einsatz kommen. Das physisch aufwendige Anbringen von Dichtungen zum Schutz vor Schall und Feuchtigkeit an der Türinnenseite von BMW-X3-Modellen, welches die Mitarbeiter vorher per Handroller manuell durchgeführt haben, ist bspw. eine Tätigkeit, die seit diesem Zeitpunkt präzise von Cobots erledigt wird [Luc17].

Auch beim Konkurrenten *Audi* kommen standardmäßig Roboterlösungen zur Anwendung. Im Stammwerk in Ingolstadt wird ein Cobot vom Hersteller Universal Robots für das Auftragen von Klebstoff verwendet, um den Einbau von CFK-Dächern in RS-5-Coupé-Modelle zu realisieren. Auch hier sind keine Schutzzäune vorhanden und ähnliche Lösungen wurden bereits bei vergleichbaren Prozessen in der Motorenmontage und dem Karosseriebau übernommen [Hüb18].

6.3 Fahrerlose Transportsysteme

Beschreibung Die vierte industrielle Revolution ist in vollem Gange, sodass immer mehr Betriebe die Potenziale von Vernetzung und Automatisierung für sich entdecken, um ihren Geschäftserfolg zu steigern. Im produzierenden Gewerbe wächst die Komplexität der Produktion, was zugleich mit höheren Anforderungen an den internen

Materialfluss verbunden ist. Es werden anpassungsfähigere Systeme mit mehr Transport-
volumen und geringen Kosten verlangt. Fahrerlose Transportsysteme (FTS) ermöglichen
die Implementierung autonomer Flurförderzeuge in die Intralogistik, um den Waren- und
Materialfluss effizienter zu gestalten [BMW19]. Die genaue Definition des VDI lautet
dazu:

> „Fahrerlose Transportsysteme (FTS) sind innerbetriebliche, flurgebundene Fördersysteme
> mit automatisch gesteuerten Fahrzeugen, deren primäre Aufgabe der Materialtransport,
> nicht aber der Personentransport ist. Sie werden innerhalb und außerhalb von Gebäuden ein-
> gesetzt [...] [VDI05]."

FTS werden im Englischen auch Automated Guided Vehicles (AGV) genannt und
umfassen im Wesentlichen folgende Komponenten [VDI05]:

- 1 bis n fahrerlose Transportfahrzeuge,
- eine Leitsteuerung zur zentralen Auftragsverwaltung,
- Instrumente für die zuverlässige Standortbestimmung und Lageerfassung,
- Einrichtungen zur Kommunikation mit den Fahrzeugen,
- sonstige damit verbundene Infrastruktur wie z. B. Ladestationen.

Die Ausgestaltung von FTS ist äußerst flexibel, sodass diese praktisch in allen Unternehmen unabhängig von der Größe oder Branche zum Einsatz kommen können. Zudem
lassen sich FTS sowohl in neu geplante Fabriken als auch in bestehende Strukturen
integrieren. Die Kernaufgabe der autonomen Systeme besteht darin, einen adäquaten
Transportfluss zwischen Wareneingang, Produktion, Lager und Warenausgang sicherzustellen und im Zuge dessen die Versorgung der Fertigung zu priorisieren [Zei17].

Abb. 6.3 zeigt ein Beispiel für ein fahrerloses Transportfahrzeug und die
Komponenten, die standardmäßig darin vorkommen. Die Navigation der Fahrzeuge kann
grundsätzlich durch unterschiedliche Verfahren realisiert werden [Ull14]:

1. Physische Leitlinien – dabei werden Markierungen wie stromdurchflossene Leiter,
   Metallstreifen oder Farbstriche am Boden verwendet, um eine Leitspur vorzugeben.
2. Rasternavigation – Dauermagnete werden als ein- oder zweidimensionales Raster in
   den Boden verlegt und stetig von Sensoren am Fahrzeug erfasst und interpretiert.
3. Lasernavigation – auf den Fahrzeugen montierte Laserscanner werten Reflexions-
   marken an den Wänden fortlaufend aus, um den definierten Kurs aufrechtzuerhalten.

Flurförderzeuge senden sich innerhalb eines Transportsystems gegenseitig Signale und
erhalten ihre Transportaufträge von der FTS Leitsteuerung. Die Kommunikation wird
dabei durch eine aktive Verbindung mit dem WLAN-Netzwerk ermöglicht [Stu15]. Die
Anforderungen an die Fahrzeugsteuerung von fahrerlosen Transportmitteln lassen sich
in folgende Blöcke aufteilen. Die Schaltzentrale der Fahrzeuge ist dafür zuständig, den
gesamten Auftrag in einzelne Aufgaben für die Fahrzeugkomponenten zu zerlegen. Das

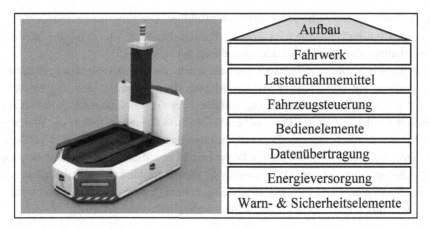

| Aufbau |
| Fahrwerk |
| Lastaufnahmemittel |
| Fahrzeugsteuerung |
| Bedienelemente |
| Datenübertragung |
| Energieversorgung |
| Warn- & Sicherheitselemente |

Abb. 6.3 Baugruppen fahrerloser Transportfahrzeuge. (Eigene Darstellung in Anlehnung an VDI-Richtlinien [VDI05])

eigentliche Fortbewegen wird durch das Zusammenspiel von Navigation und mechanischen Fahreinrichtungen realisiert. Bei der Lastaufnahme ist die koordinierte Abfrage der dafür vorhergesehenen Aktoren und Sensoren erforderlich. Um das Fahrzeug permanent betreiben zu können, wird ein funktionierendes System zur Steuerung und Überwachung der Energie benötigt. Nicht zu vernachlässigen sind spezielle Sicherheitseinrichtungen zur Kollisionsvermeidung und zum Personenschutz [Ull14].

Potenziale und wirtschaftlicher Nutzen Die Integration von FTS in die Fabrikumgebung bringt im Vergleich zu stationärer Fördertechnik oder klassischen Flurförderzeugen folgende Potenziale mit sich.

Autonome Transportfahrzeuge ermöglichen eine ideale innerbetriebliche Materialversorgung und schaffen eine Basis, um Maschinenauslastungen zu optimieren. Die Systeme sind beliebig skalierbar, sodass dem Transportbedarf entsprechend, problemlos weitere Fahrzeuge oder Komponenten hinzugefügt werden können. Auch bei Änderungen der Produktionsumgebung wie z. B. neuen Fertigungslayouts, lassen sich die Wege und Aufgaben von FTS flexibel anpassen. Die Transportverteilung auf mehrere Fahrzeuge kann Totalausfällen vorbeugen, welche bei stationären Fördersystemen oftmals durch den Defekt einer einzelnen Komponente resultieren [Stu15].

FTS erlauben deutliche Steigerungen in puncto Kalkulierbarkeit als auch Pünktlichkeit und reduzieren gleichzeitig Wartebestände oder Vorräte. Transportschäden und Fehllieferungen können minimiert werden, wodurch Folgekosten erspart bleiben. Das Transportgeschehen erhält neben zunehmender Transparenz auch mehr Ordnung und die automatische Übergabe von Lasten lässt sich noch präziser gestalten. Zur Implementierung von FTS sind nur geringfügige Infrastrukturmaßnahmen nötig, da personensichere Fahrzeuge bereits vorhandene Verkehrswege nutzen können. Zudem sind die Systeme auch im Außeneinsatz verwendbar. Die progressive Entwicklung im Bereich FTS bringt außerdem praktische Zusatzfunktionen wie z. B. die intelligente Lasterkennung oder praktische Lagerverwaltung mit sich [Ull15].

Der Betrieb autonomer Transportsysteme macht die Arbeitsumgebung sicherer, da die Fahrzeuge mit umfassenden Schutzeinrichtungen ausgestattet sind und so weniger Unfälle passieren. Kosten für Arbeitsunfälle oder Versicherungen können dadurch minimiert werden. Auch die Personalkosten lassen sich senken, indem die fahrerlosen Systeme mit deutlich weniger Personal auskommen. FTS können sorglos gefährliche Substanzen oder sehr schwere Lasten bewegen und grundsätzlich 24 h an sieben Tagen der Woche betrieben werden. Die Produktivität innerbetrieblicher Logistikabläufe erhöht sich bei Verwendung von FTS bei gleichzeitiger Reduzierung der Kosten und wird sich so zwangsläufig positiv auf den Unternehmenserfolg auswirken [App18].

Aktueller Stand und Use Cases Das weltweite Marktvolumen für FTS wurde 2018 auf 2,49 Mrd. US-Dollar geschätzt und soll von 2019 bis 2025 um 15,8 % steigen. Europa dominierte 2018 den Weltmarkt und wird es aller Voraussicht nach auch mittelfristig bleiben. Der Markt fußt in erster Linie auf der steigenden Nachfrage an Flurförderzeugen und der raschen Übernahme von Automatisierungslösungen durch etablierte Betreiber in der Fertigungsindustrie [Gra19]. Statista hat in Zusammenarbeit mit der Bundesvereinigung Logistik fast 300 Experten aus der Logistikbranche zur Bedeutung von fahrerlosen Transportsystemen befragt. 55 % der Interviewten sehen eine große bzw. sehr große Relevanz für die Nutzung von FTS. 23 % bewerteten die autonomen Transportmittel mit mittelmäßiger Relevanz und 18 % mit geringer bzw. sehr geringer Relevanz [Sta18].

Der Chemiekonzern *BASF* hat gemeinsam mit dem Dienstleister VDL ein autonom fahrendes Fahrzeug für den Standort Ludwigshafen entwickelt. Das Fahrzeug ist 16,5 m lang, kann bis zu 78 t transportieren und wird über Transponder im Boden navigiert. Mit dem FTS werden zukünftig nicht nur Logistikkosten gespart, sondern lässt sich auch die Anlieferzeit der Container vom Bahnhof zu den Ladestellen von 22 h auf eine Stunde reduzieren [Rat17].

Beim Automobilhersteller *VW* kommen im Werk für Getriebe in Kassel zwei unterschiedliche FTS zum Einsatz, um die Intralogistik zu verbessern. Zum einen sorgen 18 autonome Unterfahr-Fahrzeuge dafür, dass leere Behälter zu den Lasermaschinen gebracht werden und anschließend samt bearbeiteten Bauteilen zur Behälterversandanlage gelangen. Die Fahrzeuge sind mit Nickel-Cadmium-Akkus ausgestattet und navigieren mithilfe von Permanentmagneten im Boden. Zum anderen sind fahrerlose Hochschubstapler im Einsatz, um leere Transportbehälter zum Ende der Montagelinie zu bringen und inklusive Getriebe wieder abzutransportieren. Diese werden hingegen mit

Lithium-Ionen-Akkus betrieben und fahren auf Basis der Lasernavigation. Im Motorrad-werk von *BMW* in Berlin-Spandau lösten FTS die vorhandene Hängeförderbahn ab. Die autonomen Fahrzeuge ermöglichen dort mehr Flexibilität und Ergonomie, indem bspw. die Arbeitshöhe bei der Montage individualisiert auf einem RFID-Chip gespeichert werden kann und Vorteile in der Instandhaltung entstehen [DSA18].

Literatur

[App18]   Applied Handling NW: What Is An Automated Guided Vehicle and What Are the Benefits? https://appliednw.com/automated-guided-vehicle-benefits/ (2018). Zugegriffen: 18 Juni 2019

[Bit19]   Bitkom e. V.: Deutsche Industrie setzt auf 3D-Druck. https://www.bitkom.org/Presse/Presseinformation/Deutsche-Industrie-setzt-auf-3D-Druck (2019). Zugegriffen: 5 Juli 2019

[BMW19]   BMW AG & TUM: Autonome Transportsysteme auf dem Werksgelände. Zeitschrift: FTS-/AGV-Facts – Das Magazin für Fahrerlose Transportsysteme 11, 24 (2019)

[DSA18]   DS Automation GmbH: Motoradmontage dank FTS schnell und flexibel. https://automationspraxis.industrie.de/servicerobotik/motoradmontage-dank-fts-schnell-und-flexibel/ (2018). Zugegriffen: 20 Juni 2019

[EY16]   Ernst & Young GmbH: How Will 3D Printing Make Your Company The Strongest Link in The Value Chain? EY's Global 3D Printing Report 2016, S. 6. EY, Stuttgart (2016)

[Fas16]   Fastermann, P.: 3D-Drucken: Wie die generative Fertigungstechnik funktioniert, 2. Aufl, S. V–VI, 11, 103–110, 122–124. Springer, Berlin (2016)

[Für17]   Fürstenberg, K., Kirsch, C.: Intelligente Sensorik als Grundbaustein für cyber-physische Systeme in der Logistik. In: Vogel-Heuser, B., Bauernhansl, T., ten Hompel, M. (Hrsg.) Handbuch Industrie 4.0, Bd. 3, 2. Aufl, S. 294. Springer Vieweg, Wiesbaden (2017)

[Geb16]   Gebhardt, A.: Additive Fertigungsverfahren: Additive Manufacturing und 3D-Drucken für Prototyping – Tooling – Produktion, 5. Aufl, S. 3–15, 27–60, 95–96, 457, 462–472. Hanser, München (2016)

[Gra19]   Grand View Research: Automated guided vehicles market size: AGV industry report, 2025. https://www.grandviewresearch.com/industry-analysis/automated-guided-vehicle-agv-market (2019). Zugegriffen: 18 Juni 2019

[Hän17]   Hänisch, T.: Grundlagen Industrie 4.0. In: Andelfinger, V.P., Hänisch, Till (Hrsg.) Industrie 4.0, S. 20. Springer Gabler, Wiesbaden (2017)

[Hau13]   Haun, M.: Handbuch Robotik: Programmieren und Einsatz intelligenter Roboter, 2. Aufl, S. 424–425. Springer Vieweg, Wiesbaden (2013)

[Hub18]   Huber, W.: Industrie 4.0 kompakt – Wie Technologien unsere Wirtschaft und unsere Unternehmen verändern, S. 34, 38, 75. Springer Vieweg, Wiesbaden (2018)

[Hüb18]   Hübner, I.: Robotikinnovationen für smarte Produktionskonzepte. Zeitschrift: Digital Factory Journal – Das Magazin für Industrie 4.0 & IOT 3, 35 (2018)

[Int18]   International Federation of Robotics: Executive summary world robotics 2018 industrial robots, S. 13–22. https://ifr.org/downloads/press2018/Executive_Summary_WR_2018_Industrial_Robots.pdf (2018). Zugegriffen: 1 Mai 2019

[IPHOJ]   IPH GmbH (o. J.): Industrielle Automation – Produktionsautomatisierung. https://www.iph-hannover.de/de/dienstleistungen/automatisierungstechnik/automatisierung/. Zugegriffen: 11 Juli 2019

[Klo15]   Klocke, F.: Fertigungsverfahren 5: Gießen, Pulvermetallurgie, Additive Manufacturing, 4. Aufl, S. 130, 163. Springer Vieweg, Wiesbaden (2015)

[Kro18]   Kroehling, U.: Testlauf für die Produktion von morgen. Zeitschrift: Future Manufacturing – Magazin für intelligente Produktion 6, 8 (2018)

[Luc17]   Lucks, K.: Pfade der BMW-Werke zu Smart Factories der Industrie 4.0. In: Lucks, K. (Hrsg.) Praxishandbuch Industrie 4.0, S. 381, 384. Schäffer-Poeschel, Stuttgart (2017)

[Nau14]   Naumann, M., Dietz, T., Kuss, A.: Mensch-Maschine-Interaktion. In: Bauernhansl, T., ten Hompel, M., Vogel-Heuser, B. (Hrsg.) Industrie 4.0 in Produktion, Automatisierung und Logistik, S. 511. Springer Vieweg, Wiesbaden (2014)

[Rah17]   Rathmann, M.: BASF testet autonomes Fahren in Ludwigshafen. https://www.eurotransport.de/artikel/autonomes-containerfahrzeug-basf-testet-autonomes-fahren-in-ludwigshafen-9179969.html (2017). Zugegriffen: 19 Juni 2019

[Rei17]   Reinhart, G., et al.: Anwendungsfeld Automobilindustrie. In: Reinhart, G. (Hrsg.) Handbuch Industrie 4.0, S. 718–719. Hanser, München (2017)

[Rol13]   Roland Berger GmbH: Additive Manufacturing 2013: A Game Changer for the Manufacturing Industry? S. 21. https://www.rolandberger.com/en/Publications/Additive-manufacturing-2013.html (2013). Zugegriffen: 5 Juli 2019

[Sch18]   Schmid, H.: Der helfende Arm: Cobots als wesentlicher Bestandteil von Industrie 4.0. Zeitschrift: Digital Manufacturing 3, 39 (2018)

[Sta18]   Statista Research Department: Relevanz von autonomen Transportsystemen in der Logistikbranche in Deutschland 2018|Umfrage. https://de.statista.com/prognosen/943349/expertenbefragung-zu-autonomen-transportsystemen-in-der-logistikbranche (2018). Zugegriffen: 18 Juni 2019

[StB18]   Statistisches Bundesamt: Industrie 4.0: Roboter in 16 % der Unternehmen im Verarbeitenden Gewerbe. Pressemitteilung Nr. 470 vom 3. Dezember 2018. https://www.destatis.de/DE/Presse/Pressemitteilungen/2018/12/PD18_470_52911.html (2018). Zugegriffen: 1 Mai 2019

[Ste14]   Steegmüller, D., Zürn, M.: Wandlungsfähige Produktionssysteme für den Automobilbau der Zukunft. In: Bauernhansl, T., ten Hompel, M., Vogel-Heuser, B. (Hrsg.) Industrie 4.0 in Produktion, Automatisierung und Logistik, S. 113. Springer Vieweg, Wiesbaden (2014)

[Stu15]   Stubert, H.: Industrie 4.0 – Autonome Transportroboter für flexible Materialflusskonzepte. In: Schäfer, S., Pinnow, C. (Hrsg.) Industrie 4.0 – Grundlagen und Anwendungen, S. 151, 153. Beuth, Berlin (2015)

[Tre17]   Trenkle, A., Furmans, K.: Der Mensch als Teil von Industrie 4.0: Der Mensch als Teil der Industrie 4.0: Interaktionsmechanismen bei autonomen Materialflusssystemen. In: Vogel-Heuser, B., Bauernhansl, T., ten Hompel, M. (Hrsg.) Handbuch Industrie 40, Bd. 3, 2. Aufl, S. 45. Springer Vieweg, Wiesbaden (2017)

[Ull14]   Ullrich, G.: Fahrerlose Transportsysteme: Eine Fibel – mit Praxisanwendungen – zur Technik – für die Planung, 2. Aufl, S. 109–117, 153–154. Springer Vieweg, Wiesbaden (2014)

[Ull15]   Ullrich, G.: Automated Guided Vehicle Systems: A Primer With Practical Applications, S. 33–34. Springer, Berlin (2015)

[VDI05]   VDI-Richtlinien: Fahrerlose Transportsysteme (FTS): Richtlinie 2510:2005–10, S. 6–7, 14. Beuth, Berlin (2005)

[Wei19]   Weissman, A., Wegerer, S.: Unternehmen 4.0: Wie Digitalisierung Unternehmen & Management verändern. In: Erner, M. (Hrsg.) Management 4.0 – Unternehmensführung im digitalen Zeitalter, S. 46. Springer Gabler, Wiesbaden (2019)

[Zei17]   Zeilhofer, A.: Fahrerlose Transportsysteme: Mögliche Einsatzfelder und Vorgehen bei der Projektierung. Zeitschrift: FTS-/AGV-Facts – Das Magazin für Fahrerlose Transportsysteme 1, 8 (2017)

Infrastruktur 4.0

7

Vorrausetzung für die Umsetzung von Industrie 4.0 ist die Vernetzung von Produktions-IT und Business-IT. Produktionsanlagen, Maschinen und Geräte entwickeln sich in Industrie 4.0 zu Cyber-physischen Systemen. Diese erzeugen kontinuierlich Daten, die in Realzeit zusammengeführt werden, um Ressourcen effizienter zu nutzen und Prozesse zu verbessern. Die Systeme müssen in der Lage sein, sicher und zuverlässig untereinander zu kommunizieren [Eck14]. Daher spielen die Themen Cybersecurity, Datenübertragung mit 5G sowie die Standardisierung von Schnittstellen eine wichtige Rolle und stellen zugleich eine Herausforderung in der Industrie 4.0 dar.

7.1   Cybersecurity

Die Begriffe IT-Sicherheit, Informationssicherheit und Cybersecurity werden häufig synonym verwendet und verfolgen das Ziel, Bedrohungen bei der Nutzung von Informationstechnologien zu verhindern. Es geht insbesondere um den Schutz von vertraulichen Informationen, Geschäftsgeheimnissen, Know-how, Mitarbeiter- und Kundendaten, IT-Systemen, Software, Netzwerken, Betriebsabläufen und Betriebsanlagen. Zur Cybersecurity gehören Security Management, Sicherheit in IT-Netzwerken, Sicherheit von Soft- und Hardware, kryptografische Verfahren, sichere Authentifikation, Zugriffskontrollen sowie Datenschutz. Die Professionalisierung von Cybersecurity hat sich bei vielen Unternehmen stark entwickelt. An die Stelle des klassischen

---

Die Originalversion dieses Kapitels wurde revidiert. Die falsche alphanumerische Kodierung einiger Literaturangaben in dem Literaturverzeichnis wurde korrigiert. Ein Erratum ist verfügbar unter https://doi.org/10.1007/978-3-662-61580-5_10

IT-Sicherheitsbeauftragten treten immer mehr Spezialisten mit Expertenwissen. Die Aufgaben und Koordination rund um Cybersecurity liegen heute im Information Security Management. Cybersecurity zählt zu den zentralen Zukunftsthemen und ist mittlerweile auch eine Aufgabe des Top-Managements [Kli15].

Der Kreis der Cyberkriminellen ist schwer überschaubar und reicht vom Hacker, Wettbewerber, Kunden, Mitarbeiter, Lieferanten bis hin zu Geheimdiensten oder organisierter Kriminalität. Zum Schutz gegen Cyberspionage, -sabotage und -crime ist es wichtig, die Kooperation aller Unternehmensbereiche zu optimieren [Rit18].

Industrie 4.0 basiert auf einem hohem Vernetzungsgrad von inner- und überbetrieblichen Bereichen entlang der kompletten Wertschöpfungskette [BmWi16]. Gerade durch diese Verknüpfung mehrerer IT-Systeme mit unterschiedlichen Schutzvorkehrungen, erhalten Angreifer neue Chancen in Netzwerke einzudringen. Viren auf klassischen Desktop-PCs können bspw. aus dem Büro in die Produktionsanlagen gelangen oder es entstehen Schwachstellen bei der Freigabe von Maschinen zur Diagnose über das Internet, ohne ausreichend geschützte Zugänge. Aus diesem Grund sind sichere und vertrauenswürdige Identitäten nicht nur für Dienste, sondern auch für Menschen und die sichere Maschine-zu-Maschine Kommunikation wichtige Anforderungen in der IT-Sicherheit [Eck14]. Eine umfassende Sicherheit innerhalb der Unternehmensgrenzen kann im Wesentlichen nur dann erreicht werden, wenn die Schutzmechanismen und Regeln jederzeit allen Mitarbeitern bekannt sind. Das Management sollte für die Einhaltung sorgen und sicherstellen, dass bereits im Vorfeld entsprechende Notfallpläne für das Auftreten von problematischen Vorfällen existieren [BmWi18].

Für das eigene Unternehmensnetzwerk empfiehlt es sich aus Sicherheitsgründen ein Zonenkonzept zu installieren. Hierzu wird der Schutzbedarf der unterschiedlichen Netzbereiche ermittelt und dieser in Folge mit geeigneten Sicherheitslevels ausgestattet. Der Datenfluss zwischen zwei Zonen sollte dabei einer strengen Kontrolle unterliegen [BaSi18]. Mangelnde IT-Security kann zu einer Reihe von negativen Folgen führen, wie dem Verlust von Kunden, Vertragsstrafen, Produktionsausfällen, Imageverlusten, Schäden an Maschinen und Infrastruktureinrichtungen. Selbst Großunternehmen und staatliche Einrichtungen haben Probleme, sich wirkungsvoll zu schützen. Prominente Beispiele sind die Cyberattacken auf die Deutsche Telekom (2016), auf die Deutsche Bundesbahn (2017) oder das Datennetz der Bundesregierung (2018) [Ste19].

Nach einer aktuellen Studie gehören Passwortschutz, Virenscanner, Firewalls sowie Daten-Backups zum Standardschutz deutscher Unternehmen. So arbeiten 91 % mit verschlüsselten Netzwerkverbindungen, 74 % mit elektronischen Zugangskontrollen und 67 % protokollieren alle Zugriffe. Da Schadstoffsoftware zunehmend komplexer wird, reichen diese Maßnahmen oft nicht mehr aus. Ein Zukunftsszenario könnte der Einsatz von künstlicher Intelligenz sein, zum Beispiel beim Erkennen von Anomalien. Das Potenzial von KI im Bereich Cybersecurity ist enorm [Rit18].

7.2   Standardisierung

Die Verwirklichung der Vision Industrie 4.0 wird maßgeblich durch die Vernetzung von Maschinen und Anlagen entlang der Wertschöpfungskette und deren Integration in das Internet der Dinge beeinflusst. Geräte von unterschiedlichen Herstellern müssen kompatibel zueinander sein, sodass eine funktionierende Kommunikation jederzeit möglich ist. Der Standardisierung kommt eine bedeutende Rolle zu, um eine ausreichende Interoperabilität zwischen verschiedenen Systemen zu gewährleisten [Dum17].

„Je mehr unterschiedliche Systeme es gibt, desto schwerer wird deren Vernetzung [Fab19]."

Für den vertikalen und horizontalen Datenaustausch bedarf es der Entwicklung von standardisierten Schnittstellen und Kommunikationsprotokollen. Klassische IKT-Konzepte sind auf Computersysteme zugeschnitten und müssen zwangsweise auf Cyber-physische Systeme im Umfeld der Produktion angepasst werden [Sch17].

Einen umfassenden Lösungsansatz bietet der offene Schnittstellenstandard OPC UA (Open Platform Communications United Architecture). Über 470 internationale Firmen haben ihr Wissen eingebracht und OPC UA integrierbar als auch skalierbar für alle Ebenen der Automatisierungspyramide gemacht. OPC UA ist unabhängig vom Hersteller, Systemlieferant, Betriebssystem und von der Programmiersprache. Das Besondere an dem Standard ist, dass er einen festgelegten Pool aus 37 Service-Schnittstellen vorschreibt, mit denen die Geräte Daten austauschen und so der volle Funktionsumfang (Methodenaufrufe, Live-Daten, Ergebnisse etc.) nutzbar ist. Neben „Plug & Play" werden von OPC UA auch Sicherheitsmechanismen abgedeckt [Hop17].

Ergänzend dazu wurde das Referenzarchitekturmodell Industrie 4.0 (RAMI 4.0) von der Plattform Industrie 4.0 entworfen. RAMI 4.0 schafft ein gemeinsames Verständnis von Prozessen, indem es Industrie-4.0-Lösungen in einem dreidimensionalen Modell abbildet und alle relevanten Aspekte, wie Standards bzw. Normen, darin festlegt [Sch18].

Die Anwendung von Standards ermöglicht Unternehmen eine flexible Verknüpfung von Systemen und damit einhergehend eine Ersparnis von Zeit und Kosten (siehe Abschn. 9.1).

7.3   5G Mobilfunk

Die Digitalisierung schreitet weiter voran und damit verbunden auch das Wachstum, was das Volumen bei der Datenerzeugung und -verarbeitung angeht. Ferner zeichnen sich die smarten Fabriken der Zukunft durch eine zunehmende Vernetzung, Flexibilität und Mobilität aus. Die industrielle Fertigung erfordert leistungsfähige Infrastrukturen, damit Mensch, Maschine und jegliche Arten von Geräten schnell und zuverlässig miteinander kommunizieren können [Dig18]. An dieser Stelle kommt der Mobilfunkstandard 5G als Nachfolger der Generationen 2G, 3G und LTE ins Spiel. 5G-Netze erfüllen die Anforderungen moderner Fabriken und werden als eine Schlüsselinnovation zur Realisierung von Industrie 4.0 gehandelt [Sch19].

5G Mobilfunk lässt sich im Wesentlichen anhand der folgenden drei Anwendungsprofile charakterisieren. 1) Enhanced Mobile Broadband (eMBB) – entspricht einer Entwicklung der heutigen Mobilfunk-Breitbanddienste zur Bereitstellung höherer Datenübertragungsraten und größerer Datenvolumina für ein optimiertes Benutzererlebnis. 2) Massive Machine Type Communication (mMTC) – unterstützt Dienste mit einer hohen Netzkapazität (viele Geräte), günstigen Endgeräten und einer hoher Energieeffizienz, um lange Batterielaufzeiten zu ermöglichen. 3) Ultra-Reliable and Low-Latency Communication (URLLC) – ist für zeitkritische Dienste vorgesehen, die eine sehr geringe Latenz und besonders hohe Zuverlässigkeit erfordern [Dah18].

Der 5G Standard entspricht folgenden Spezifikationen: Eine Datenrate von bis zu 20 Gbit/s, eine Latenzzeit von bis zu 1 ms, eine Verbindungsdichte von bis zu 1 Mio. Geräte pro km^2, eine Positionsgenauigkeit bis auf einen Meter, eine Senkung des Batterieverbrauchs auf ein Zehntel, bei einer Zuverlässigkeit von 99,999 % [Win18].

Mit 5G kann demnach die Anzahl energieeffizient-verbundener Geräte enorm gesteigert und mobile Steuerungssysteme in Echtzeit adressiert werden. Der neue Mobilfunkstandard bietet künftig eine ideale Ausgangsbasis für die durchgängige vertikale Vernetzung aller betrieblichen Prozesse. Die Voraussetzungen für die Einführung der 5G-Netze sollen in Deutschland bis spätestens Ende 2020 erfüllt sein [BmVe17].

Literatur

[BaSi18]   Bundesamt für Sicherheit in der Informationstechnik: IT-Grundschutz-Kompendium, 1. Aufl, S. 572. Bundesanzeiger Verlag, Köln (2018)
[BmVe17]   Bundesministerium für Verkehr und digitale Infrastruktur: 5G-Strategie für Deutschland. Eine Offensive für die Entwicklung Deutschlands zum Leitmarkt, S. 5, 10. BMVI, Berlin (2017)
[BmWi16]   Bundesministerium für Wirtschaft und Energie: IT-Sicherheit für die Industrie 4.0: Produktion, Produkte, Dienste von morgen im Zeichen globalisierter Wertschöpfungsketten. Studie im Auftrag des Bundesministeriums für Wirtschaft und Energie, S. 12. BMWi, Berlin (2016)
[BmWi18]   Bundesministerium für Wirtschaft und Energie: IT-Sicherheit und Recht: Themenheft Mittelstand-Digital, S. 8–9. BMWi, Berlin (2018)
[Dah18]   Dahlman, E., Parkvall, S., Sköld, J.: 5G NR: The Next Generation Wireless Access Technology, S. 4. Elsevier Academic Press, London (2018)
[Dig18]   Digital-Gipfel: 5G-Anwendermodelle für industrielle Kommunikation, S. 4–5. https://plattform-digitale-netze.de/app/uploads/2019/02/5G-Anwendermodelle-f%C3%BCr-Industrielle-Kommunikation.pdf (2018). Zugegriffen: 1 Juli 2019

[Dum17]   Dumitrescu, R., Marquardt, W.: Auf dem Weg zur Industrie 4.0 – „it's OWL" bietet Lösungen für den Mittelstand. In: Lucks, Kai (Hrsg.) Praxishandbuch Industrie 4.0, S. 641–642. Schäffer-Poeschel, Stuttgart (2017)

[Eck14]   Eckert, C.: Design for security. In: Bub, Udo, Wolfenstetter, Klaus-Dieter (Hrsg.) Beherrschbarkeit von Cyber Security, Big Data und Cloud Computing, S. 13–14. Springer Vieweg, Wiesbaden (2014)

[Fab19]   Faber, O.: Digitalisierung – ein Megatrend: Treiber & Technologische Grundlagen. In: Erner, M. (Hrsg.) Management 4.0 – Unternehmensführung im digitalen Zeitalter, S. 16. Springer Gabler, Wiesbaden (2019)

[Hop17]   Hoppe, S.: Standardisierte horizontale und vertikale Kommunikation. In: Vogel-Heuser, B., Bauernhansl, T., ten Hompel, M. (Hrsg.) Handbuch Industrie 4.0, Bd. 2, 2. Aufl, S. 374. Springer Vieweg, Berlin (2017)

[Kli15]   Klipper, S.: Cyber Security: Ein Einblick für Wirtschaftswissenschaftler, S. 5–6, 16. Springer Vieweg, Wiesbaden (2015)

[Rit18]   Ritter, T., Gentemann, L., Grimm, F.: Spionage, Sabotage und Datendiebstahl – Wirtschaftsschutz im digitalen Zeitalter: Studienbericht 2018. Bitkom, S. 4, 38–39. https://www.bitkom.org/sites/default/files/file/import/181008-Bitkom-Studie-Wirtschaftsschutz-2018-NEU.pdf (2018). Zugegriffen: 9 Juli 2019

[Sch17]   Schell, O., et al.: Industrie 4.0 mit SAP: Strategien und Anwendungsfälle für die moderne Fertigung, S. 49–50. Rheinwerk, Bonn (2017)

[Sch18]   Schulz, M., Michel, S.: Standardisierung für Industrie 4.0: RAMI 4.0. https://www.maschinenmarkt.vogel.de/standardisierung-fuer-industrie-40-a-682923/ (2018). Zugegriffen: 6 Juli 2019

[Sch19]   Schüttler, H.: Warum 5G der Industrie 4.0 den Weg weisen könnte. Kommunikationsstandard der Zukunft. https://www.it-production.com/industrie-4-0-iot/kommunikationsstandard-zukunft-5g/ (2019). Zugegriffen: 1 Juli 2019

[Ste19]   Steven, M.: Industrie 4.0: Grundlagen – Teilbereiche – Perspektiven, S. 99–100. Verlag W. Kohlhammer, Stuttgart (2019)

[Win18]   Winterhagen, J: Markt der Möglichkeiten. Zeitschrift: AMPERE – Das Magazin der Elektroindustrie 2, 25–27 (2018)

Zusammenfassung und Bewertung 8

Das Fachbuch macht deutlich, welchen Stellenwert die ausgewählten Schlüsseltechnologien bei der Umsetzung von Industrie 4.0 in der Produktion einnehmen. Dem Leser wird praxisnah aufgezeigt, welche Chancen für Unternehmen bei dem Einsatz von neuen Technologien entstehen und welcher Aufwand zur Realisierung betrieben werden muss. Je nach Technologie sind die Einsatzfelder, Chancen und Risiken sehr unterschiedlich. Zum besseren Verständnis lohnt es sich, diese Technologien genauer zu betrachten. Eine wichtige Rolle auf infrastruktureller Ebene spielen auch Informationssicherheit, Standardisierung und Mobilfunk. Die einzelnen Technologien befinden sich auf unterschiedlichen Entwicklungsständen: Während Themen wie Cloud Computing oder RFID-Systeme bei vielen Unternehmen bereits „state-of-the-art" sind und ihr Potenzial bereits breit entfachen, befinden sich andere Technologien wie Machine Learning oder Digitale Zwillinge am Anfang ihrer Entwicklung und kommen bei vielen Unternehmen erst in Pilotprojekten zur Anwendung.

Unternehmen stehen vor der Herausforderung ihre Produktivität zu erhöhen, um ihre Wettbewerbsfähigkeit zu sichern. Nachdem sie mit heutigen Maßnahmen wie Lean-Methoden oder Erhöhung des Automatisierungsgrads an ihre Grenzen stoßen, sind sie gezwungen, neue Wege in der Produktion zu gehen und für sie geeignete innovative Technologien einzusetzen. Dieses Buch unterstreicht, dass die Digitalisierung nahezu in alle Bereiche Einzug hält, sei es bei der Datenverwaltung auf der Managementebene, bei der Gestaltung von Prozessen auf der Steuerungsebene oder bei der Fertigung von Produkten auf der Feldebene. Die Vernetzung sämtlicher Objekte innerhalb einer Fabrik lässt eine zunehmende Entwicklung erkennen – weg von der klassischen hierarchischen Automatisierungs-Pyramide – hin zu einer deutlich offeneren Systemwelt. Die digitale Transformation ist als Struktur- wie auch Kulturwandel in der gesamten Organisation zu verstehen.

© Der/die Herausgeber bzw. der/die Autor(en), exklusiv lizenziert durch Springer-Verlag GmbH, DE, ein Teil von Springer Nature 2020
J. Pistorius, *Industrie 4.0 – Schlüsseltechnologien für die Produktion,*
https://doi.org/10.1007/978-3-662-61580-5_8

Die in dem Buch aufgeführten Anwendungsfälle zeigen, welchen Erfolg Unternehmen beim Einsatz von neuen Technologien haben. Ein eindrucksvolles Beispiel ist das Siemens Werk für Elektromotoren in Bad Neustadt. Mit unterschiedlichen Technologien und einem hohen Digitalisierungsgrad konnte Siemens die Durchlaufzeiten um 40 % reduzieren sowie 50 % schnellere Korrekturschleifen und 60 % kürzere Hochlaufzeiten erreichen. Auf Grundlage von Technologien der Industrie 4.0 wie z. B. der Cloud oder additiver Fertigung sind neue Geschäftsideen und erfolgreiche Unternehmen entstanden. Diese haben traditionelle Formen des Geschäfts verlassen und neue Geschäftsmodelle realisiert.

Die Einführung neuer Technologien bindet finanzielle Ressourcen und ist mit Risiken verbunden, da sie auf den gesamten Wertschöpfungsprozess Einfluss nehmen kann. Unternehmen sind daher gut beraten, bei der Planung genau zu analysieren und zu bewerten, welcher Mehrwert erzielbar ist. Die Abhängigkeit der Technologien von infrastrukturellen Voraussetzungen wie z. B. Cybersecurity führt zu der Erkenntnis, dass Unternehmen diese nicht integrieren sollten, ohne sich im Vorfeld intensiv Gedanken darüber zu machen. Außerdem unterliegt die Einführung von neuen Technologien einer sinnvollen Reihenfolge unter „technischen" Gesichtspunkten, was in den einzelnen Kapiteln angesprochen wird. So erfordert Data Mining im Idealfall vorhandene Cloud-Strukturen. Ebenso ist der digitale Zwilling bei dem Einsatz von additiver Fertigung relevant.

Grundsätzlich sollten Unternehmen bei der Umsetzung von Industrie 4.0 keinen Zwang verspüren, alle Technologien einführen zu müssen. Vielmehr geht es darum, den internen Wertschöpfungsprozess zu untersuchen und die passenden Technologien auszuwählen. Sogenannte Reifegradanalysen werden durchgeführt, um den aktuellen Status der Digitalisierung im Unternehmen zu ermitteln und Handlungen abzuleiten. Eine Kosten-Nutzen-Analyse eignet sich, um besser beurteilen zu können, ob geplante Maßnahmen einen wirtschaftlichen Vorteil bringen. Bei Fragen zur Digitalisierung bietet die von deutschen Industrieverbänden geschaffene „Plattform Industrie 4.0" eine gute Anlaufstelle für Unternehmen.

Umfangreiche Recherchearbeiten und Gespräche mit Digitalisierungsexperten von Siemens, KUKA, Flender und Festo bestätigen, dass die Unternehmen bei dem Einsatz von neuen Schlüsseltechnologien pragmatisch und Schritt für Schritt vorgehen. In den Werken dieser Großunternehmen beschäftigen sich Spezialisten oder ganze Abteilungen intensiv mit der Einführung von neuen Technologien. Sie bewerten diese hinsichtlich der Reduzierung von Produktionskosten, Produktionszeiten sowie der Erhöhung der Flexibilität. Hier tun sich kleinere Unternehmen schwerer, da sie oft nicht über entsprechendes Knowhow verfügen und daher auf externe Dienstleister zugreifen sollten. Viele Use Cases bestätigen, dass Großunternehmen bei der Umsetzung von Industrie 4.0-Anwendungen erkennbar weiter sind als mittelständische Unternehmen. Die Einführung von neuen Technologien bringt insbesondere bei kleineren Betrieben eine allgemeine Unsicherheit mit sich. Daher sollte das Management dafür Sorge tragen, dass

eine dynamische Unternehmenskultur entsteht, in der Digitalisierung positiv wahrgenommen wird.

Ein Blick in die Zukunft zeigt, dass neben den dreizehn dargestellten Schlüsseltechnologien eine Reihe von vielversprechenden Technologien in die Produktion Einzug
hält. Aktuelle Beispiele sind Blockchain und Virtuelle Assistenz.

Der Weg zu Industrie 4.0 jedes einzelnen Unternehmens wird maßgeblich durch die
Unternehmensstrategie und die Marktbedürfnisse beeinflusst. Kreativität, Schnelligkeit
und der Blick über die eigenen vier Wände sind gefragt, um Wachstum zu erzielen oder
neue Geschäftsmodelle zu entwickeln. Jede einzelne der in diesem Buch behandelten
Technologien hat enormes Potenzial. Die Werkzeuge sind vorhanden, jetzt liegt es an
den einzelnen Unternehmen, diese für sich nutzbar zu machen. Die Unternehmer sollten
Industrie 4.0 als Chance erkennen und die Transformation in allen Bereichen voran-
treiben. Die Einführung von neuen Technologien darf kein Selbstzweck sein. Oberstes
Gebot ist die konsequente Verfolgung der Unternehmensziele.

Die Erfahrung und Leistungsfähigkeit der deutschen Industrie stimmen mich guter
Dinge, wenn es um die erfolgreiche Transformation der heutigen Fertigung zu einer stark
digitalisierten Produktion im Zuge der Industrie 4.0 geht.

Einschätzung durch Industrievertreter

9.1 Interview mit Dr. Andreas Bauer – KUKA AG

Dr. Andreas Bauer
Vice President Marketing Strategy & Operations
Corporate Marketing

Unternehmensprofil
Die KUKA AG ist einer der weltweit führenden Anbieter von intelligenten Automatisierungslösungen mit rund 3,5 Mrd. Euro Umsatz und über 14.000 Mitarbeitern. Das Angebot beinhaltet Industrieroboter in zahlreichen Varianten mit verschiedensten Traglasten und Reichweiten. Kombiniert mit fortschrittlichster Software und innovativen Steuerungen stellt KUKA individuelle Lösungen für zahlreiche Fertigungsprozesse bereit.

Fragen

1. Welche Chancen sehen Sie grundlegend mit Industrie 4.0?

Dr. Andreas Bauer: „Einmal Effizienzsteigerungen durch Transparenz und bessere Abstimmung von Produktionsprozessen. Andererseits neue Services und Angebote (z. B. Pay-on-Production), ermöglicht durch die Cloud Anbindung von Maschinen oder Produktionslinien.“

2. Welche speziellen Gründe gibt es für den Einsatz von Robotik in der Produktionsumgebung von morgen?

© Der/die Herausgeber bzw. der/die Autor(en), exklusiv lizenziert durch Springer-Verlag GmbH, DE, ein Teil von Springer Nature 2020
J. Pistorius, *Industrie 4.0 – Schlüsseltechnologien für die Produktion*,
https://doi.org/10.1007/978-3-662-61580-5_9

Dr. Andreas Bauer: „Roboter und Robotics-Technologien sind – neben dem Menschen – ein hochflexibles Fertigungswerkzeug. D. h. der Roboter kann unterschiedlichste Arbeiten im Wechsel übernehmen. Diese Flexibilität – was wird wann wie oft produziert – wird durch Megatrends wie Individualisierung und Digitalisierung getrieben. D. h. die vom Markt geforderte Flexibilität in der Produktion wird durch flexibel einsetzbare Maschinen gewährleistet (dies sind Roboter, aber auch z. B. 3D-Drucker oder Werkzeugmaschinen)."

3. Welchen besonderen Beitrag liefert Ihr Unternehmen in Bezug auf die industrielle Entwicklung und warum sollten sich Kunden für eines ihrer Systeme entscheiden?

Dr. Andreas Bauer: „KUKA ist Pionier bei wesentlichen Treibern der Robotik & Industrie 4.0: z. B. erster Industrieroboter mit PC-Steuerung, z. B. erster Industrieroboter mit Internetanbindung, z. B. erster Industrieroboter mit standardmäßigem Cloudanschluss mit Datenauswertung „KUKA Connect", z. B. erster Cobot der Welt „LBR" (Mensch-Roboter Kollaboration für z. B. hochflexible Montagearbeitsplätze), z. B. erste „Matrix-Produktion" = hochflexible Produktion anstatt Linienproduktion, flexible kombinierbare Einzelzellen die mit mobilen Einheiten flexibel verknüpft sind, z. B. erste Pay on Production – Fabrik (Jeep Wrangler Karosserieproduktion in Toledo, USA)."

4. Wie werden sich die Tätigkeitsbereiche bei einer stärkeren Zusammenarbeit – Mensch und Roboter – aus Ihrer Sicht verändern?

Dr. Andreas Bauer: „Der Arbeiter kann seine „menschlichen Fähigkeiten" (Intelligenz, Tastsinn, sehen, fühlen, flexibel reagieren, Erfahrungsschatz usw.) noch mehr ausspielen, unterstützt von Robotics-Technologien wie z. B. Cobots oder smarte Exoskeletts. Stupide wiederholende, anstrengende, gesundheitsgefährdende Arbeiten werden minimiert. Durch die Kombination Mensch-Roboter werden hochflexible und gleichzeitig hocheffiziente Produktionslinien für Produktionsbereiche oder Industrien möglich, die bisher nicht effizient automatisiert werden konnten."

5. Was für eine Rolle spielt die Standardisierung von Schnittstellen im Bereich Robotik hinsichtlich der Anwendungsmöglichkeiten für Industrieunternehmen?

Dr. Andreas Bauer: „Industrie 4.0 lebt von der Vernetzung. Hilfreich für Vernetzung von Maschinen und Sensoren und Werkstücken usw. sind standardisierte Schnittstellen und Kommunikationsprotokolle. KUKA hat deshalb u. a. aktiv den Standard OPC UA gefördert. Allerdings ist es kein K.O. Kriterium, wenn Schnittstellen unterschiedlich sind, aber es verlangsamt/verteuert die Verbreitung und den Einsatz von Industrie 4.0 -Technologien."

6. Wie werden sich Roboter in den nächsten zehn Jahren entwickeln und welche
   Potenziale ergeben sich daraus?

Dr. Andreas Bauer: „Klassische Industrieroboter (also nicht Cobots) werden weiter-
hin boomen – und verdrängen unflexible Maschinen einerseits, und erobern neue
Anwendungsfelder andererseits. Sie werden noch preiswerter und noch viel einfacher zu
integrieren und zu bedienen sein. Robotics wird auch in das Handwerk und kleine Unternehmen einziehen. (Ähnlich wie in der IT-Industrie wo vor 20 Jahren nur Experten teure
IT Technologie bedienen konnten und heute Laien viel selbst intuitiv integrieren und
bedienen können und IT-Technologie preiswert ist.)
    Cobotics: Durch Cobotics werden ebenso neue Anwendungsfelder erobert, die bisher
nur schwer zu automatisieren waren. Die Verbreitung wird durch niedrigere Preise und
einfachere Bedienung ebenso rasant zunehmen."

9.2   Interview mit Peter Zech – Siemens AG

Peter Zech
Abteilungsleiter Digitalisierung und Mechanische Bearbeitung
Elektromotorenwerk Bad Neustadt

Unternehmensprofil
Die Siemens AG ist ein führender internationaler Technologiekonzern und mit 379.000
Beschäftigten weltweit aktiv, schwerpunktmäßig auf den Gebieten Elektrifizierung,
Automatisierung und Digitalisierung. Mit dem Digital Enterprise Portfolio bietet
Siemens durchgängige Software- und Automatisierungslösungen an. Das Siemens
Werk in Bad Neustadt fertigt Elektromotoren für industrielle Anwendungen und ist die
Siemens Vorzeigefabrik für die Digitalisierung in der Metallbearbeitung.

Fragen

1. Was bedeutet Industrie 4.0 für Sie bezogen auf das Werk in Bad Neustadt und welche
   Rolle kommt der Digitalisierung dabei zu? In welchem Maß trägt die Digitalisierung
   zur Steigerung der Produktivität im Werk in Bad Neustadt bei?

Peter Zech: „Wir produzieren in Bad Neustadt täglich 2000 Elektromotoren, im Jahr
über 600.000 – in über 30.000 Varianten. Die Losgröße bewegt sich zwischen 5 bis 10
Stück. Nur mit Digitalisierung ist es möglich, wirtschaftlich zu produzieren und den
Marktanforderungen nach immer stärkerer Individualisierung gerecht zu werden. Wir
müssen unsere Produktivität kontinuierlich steigern, um wettbewerbsfähig zu bleiben.
Wir haben mit klassischen Maßnahmen und dem Lean-Ansatz begonnen, haben dann

mit flexibler Automation und Robotik weitergemacht und sehen jetzt in Digitalisierung den nächsten großen Hebel. Unsere Fertigung bzw. unser Maschinenpark besteht aus unterschiedlichen Maschinentypen, unterschiedlichen Generationen von Maschinen, unterschiedlichen Maschinenherstellern. Dies müssen wir bei der schrittweisen Einführung von neuen Technologien berücksichtigen. Hierfür nutzen wir unsere eigenen Plattformen – dies sind z. B.: Mindsphere (in cloud) oder Sinumerik Edge (in machine). Durch die Nutzung neuer digitaler Technologien wurden bereits mehrere Prozesse signifikant verbessert. Beispiele hierfür sind eine um 25 % gesteigerte Kapazitätsauslastung, eine Verkürzung von Prozesszeiten von bis zu 20 % oder eine Reduzierung von Hochlaufzeiten für neue Maschinen von 60 %."

2. Mit Blick auf die dreizehn thematisierten Schlüsseltechnologien in diesem Buch: Welche setzen Sie bereits ein? Welche sind in Planung? Welche spielen eine zentrale Rolle?

Peter Zech: „In Bad Neustadt setzen wir einen Großteil dieser Technologien bereits ein, wie zum Beispiel Cloud und Edge Computing, den digitalen Zwilling, Simulation und Predictive Maintenance. Ebenso wie Additive Manufacturing, Smart Robots und fahrerlose Transportsysteme. Mit Technologien wie Augmented und Virtual Reality oder Wearables arbeiten wir aktuell in Pilotanwendungen. Mit diesen Pilotanwendungen wollen wir den Reifegrad der Technologie sowie das Produktivitätspotenzial für einen produktiven Einsatz bewerten. Abhängig von den Ergebnissen dieser PoC (Proof of concepts) wird über einen Rollout entschieden."

3. Was verstehen Sie unter Digital Twin, wie kommt diese Technologie bei Ihnen im Werk in Bad Neustadt zum Einsatz und welche Benefits resultieren daraus?

Peter Zech: „Der digitale Zwilling spielt in unserem Motorenwerk in Bad Neustadt eine zentrale Rolle. Mit dem digitalen Zwilling optimieren wir Abläufe entlang unserer Wertschöpfungskette. Als virtuelles Abbild des Produkts (der Motor bzw. seiner Einzelteile), der Produktion (zum Großteil Werkzeugmaschinen) oder der Performance ermöglicht der Zwilling eine bessere Zusammenarbeit zwischen den einzelnen Prozessschritten und Abteilungen. So steigern wir durchgängig die Effizienz, minimieren die Fehlerquote und verkürzen Planungs- und Entwicklungszeiten. Dies ist eine Voraussetzung für die Wettbewerbsfähigkeit unserer Motoren auf dem Markt. Der digitale Zwilling des Produkts entsteht dabei bereits zum Start der Produktentwicklung. Dies ermöglicht bereits in einer frühen Phase verschiedene Aspekte (z. B. fertigungsgerechtes Design, thermische Auslegungen) zu überprüfen und legt die Basis für die nachfolgenden Prozessschritte. Der digitale Zwilling der Produktion bildet reale Prozesse und Abläufe in einer virtuellen Umgebung ab. Durch Simulation werden die Produktionsplanung und die Programmierung von Maschinen wesentlich effizienter und Fehler werden frühzeitig erkannt. Dies ist bei einer hohen Prozess- und Produktkomplexität, wie sie in Bad

Neustadt vorliegt, ein wesentlicher Vorteil. Der digitale Zwilling der Performance entsteht aus Daten, die während der Produktion in unseren Maschinen und Prozessen erfasst
und digital abgelegt werden. Auf dieser Basis lassen sich z. B. vorausschauende Instand-
haltungskonzepte realisieren und Ausfallzeiten reduzieren."

4. Wie sieht das Zusammenspiel zwischen Cloud Computing und Edge Computing in
   Bad Neustadt aus?

Peter Zech: „Edge Computing nutzen wir an Werkzeugmaschinen, wenn lokal große
Datenmengen vorverarbeitet werden müssen bzw. wir direkt innerhalb der Maschinen
die Prozesse beeinflussen wollen. Die in der Edge veredelten bzw. aggregierten Daten
können dann in die Cloud transferiert werden, um dort weitere Anwendungsfälle umzu-
setzen. Zum anderen wird das Edge-Device über die Cloud verwaltet und z. B.: mit neuen
Applikationen oder Software Updates versorgt. Durch das Zusammenspiel aus Edge
und Cloud lassen sich verschiedene Anwendungsfälle (z. B.: Condition-Monitoring oder
Qualitätskontrolle im Prozess) sehr effizient auf standardisierten Plattformen umsetzen."

5. Welchen Part übernehmen Cyber-physische Systeme im zukünftigen Produktionsumfeld? Können Sie hierzu ein Praxisbeispiel aus dem Werk in Bad Neustadt
   beschreiben?

Peter Zech: „Der Begriff „Cyber-physische Systeme" ist sehr allgemein definiert und
lässt Interpretationsspielraum. Mit dem Verständnis, dass ein Cyber-physisches System
durch die Erweiterung bestehender mechatronischer Systeme (z. B.: Maschinen) mit
Informationssystemen und Algorithmen entsteht, lassen sich einige konkrete Beispiele
ableiten.

- Komponenten werden in einer Werkzeugmaschine spanend bearbeitet und danach
  elektronisch vermessen. Aus den erzeugten Messwerten werden mittels eines
  Berechnungsverfahrens definierte Parameter in der Werkzeugmaschine beeinflusst,
  um Prozessabweichungen zu vermeiden.
- Durch vordefinierte Messfahrten auf einer Werkzeugmaschine werden Daten erzeugt,
  die in einem nachträglich installierten Edge Computer verarbeitet werden. Aus den
  Daten werden Informationen über den Zustand einzelner Maschinenkomponenten
  abgeleitet und für eine optimierte Instandhaltung genutzt. Ziel ist es hierbei, ein autonomes System aufzubauen, welches einen Wartungsbedarf selbstständig erkennt und
  meldet.

Zusammenfassend bedeutet dies, dass Cyber-physische Systeme heute schon eine
Rolle spielen, aber nicht als solche wahrgenommen werden. Die Systeme entstehen
aus der kontinuierlichen Vernetzung von Maschinen und der Umsetzung von konkreten
Anwendungsfällen."

9.3   Interview mit Martin Neumann – Festo AG & Co. KG

Martin Neumann
Product Manager Digital Business
Abteilung TD-BP

Unternehmensprofil
Die Festo AG & Co. KG ist weltweit führend in der Automatisierungstechnik und Welt-
marktführer in der technischen Aus- und Weiterbildung. Die Unternehmensgruppe
beschäftigt weltweit rund 21.200 Mitarbeiter und erzielte 2018 einen konzernweiten
Umsatz von 3,1 Mrd. EUR. Oberstes Ziel bei Festo ist die maximale Produktivität und
Wettbewerbsfähigkeit von Kunden in der Fabrik- und Prozessautomatisierung.

Fragen

1. Welche grundlegenden Chancen sehen Sie in der Industrie 4.0?

Martin Neumann:

- „Schnellere Informationsverarbeitung und Weiterleitung der relevanten Informationen
  an die jeweilige Stelle. -> Zeitgewinn
- Automatisierte Verarbeitung von Daten und Aktionsableitung. -> Effizienzsteigerung,
  Fehlervermeidung
- Höhere Transparenz über abweichende Prozesse und Fehler.
- Verknüpfung von Systemen zur schnittstellenübergreifenden Informationsweiter-
  gabe."

2. Welche Schlüsseltechnologien erachten Sie für die Produktion von morgen als
   besonders wirkungsvoll?

Martin Neumann:

- „Sprache-zu-Text-Programme
- Stabile, schnelle Internetverbindung in der Produktion
- Automatisierte Übersetzung von Texten
- Standardisierte Kommunikationsprotokolle"

3. Mit Blick auf die dreizehn in diesem Buch thematisierten Technologien: Welche
   setzen Sie heute bereits in Ihren Werken ein? Welche sind bereits in Planung?

Martin Neumann:

„Im Einsatz sind:

- IoT: Cyber-physical Systems/Auto-ID u. Lokalisierung/Cloud Computing/Edge Computing
- Big Data & Analytics: Data Mining
- Visualisierung & Simulation: Digitaler Zwilling/Wearables/Mobile Endgeräte
- Neue Fertigungstechnologien & Automatisierung: Additive Fertigung/Smart Robots/ Fahrerlose Transportsysteme

In Planung sind:

- Big Data & Analytics: Machine Learning/Predictive Maintenance"

4. Welchen besonderen Beitrag liefert Festo in Bezug auf die industrielle Entwicklung und warum sollten sich Kunden für eines ihrer Angebote entscheiden?

Martin Neumann: „Festo ist ein führender Anbieter in der Automatisierung der sein Portfolio mit digitalen Produkten und Lösungen erweitert, um Kunden im Bereich Industrie 4.0 und Smart Factory maximal zu unterstützen.

- mit Festo Projects – Anwendung für digitalen Zwilling
- mit Festo Smartenance – Anwendung für digitales Wartungsmanagement
- mit Festo Dashboards – Anwendung für Condition Monitoring
- mit Festo Scraitec in Kooperation mit Resolto – AI/ML Lösungen
- Festo Hardware als Prozessdatenlieferant"

5. In welchem Maße sind bei Ihnen in den Werken bereits Predictive Maintenance Systeme integriert und welchen Zweck erfüllen diese?

Martin Neumann: „Noch nicht. Predictive Maintenance ist erst in der Pilotphase und bedarf sehr genauer Abgrenzung und viel anwendungsspezifischem Wissen."

6. Was für eine Rolle spielt die Einführung der Mobilfunkgeneration 5G für die Produktion aus ihrer Sicht und welche Potenziale ergeben sich vielleicht daraus?

Martin Neumann: „Maschine-zu-Maschine-Kommunikation wird ermöglicht und deutlich schnellere Datenverbindung. Sehe ich als zweiten Schritt. Stand heute wird dies für den Großteil von Industrie 4.0 Lösungen nicht benötigt. Es reicht Standard WLAN in der Produktion."

9.4   Interview mit Nikolas Witter – Siemens AG

Nikolas Witter
Business Development and Thought Leadership Manager
Digital Industries, Motion Control, Additive Manufacturing

Unternehmensprofil
Die Siemens AG ist ein führender internationaler Technologiekonzern, der seit mehr
als 170 Jahren für technische Leistungsfähigkeit, Innovation, Qualität, Zuverlässigkeit
und Internationalität steht. Das Unternehmen ist mit 379.000 Beschäftigten und einem
Umsatz von 83 Mrd. EUR weltweit aktiv, schwerpunktmäßig auf den Gebieten Elektrifizierung, Automatisierung und Digitalisierung. Mit dem Digital Enterprise Portfolio
bietet Siemens durchgängige Software- und Automatisierungslösungen für Maschinen-
bauer und Anwender von Additive Manufacturing und Siemens ist in zahlreichen Werken
selbst erfolgreicher Anwender dieser Technologie.

Fragen

1. Welche Chancen sehen Sie grundlegend mit Industrie 4.0 und welchen Beitrag leistet
   hier AM?

Nikolas Witter: „Die Digitalisierung ist für Unternehmen in Hochlohnländern eine
Chance und eine Notwendigkeit zugleich. Durch die Automatisierung von Produktionsprozessen, die Vernetzung von Maschinen, durchgängige Datenkonsistenz über alle
Produktionsschritte hinweg und robuste, innovative Softwarelösungen kann die
Produktivität von Unternehmen gesichert und gesteigert werden. Ferner kann flexibel
auf Veränderungen reagiert und einem sich verändernden Konsumverhalten begegnet
werden. Digitalisierung ist für die additive Fertigung systemimmanent, es ist eine
Voraussetzung für industrialisierte additive Fertigung. Die additive Fertigung wirkt also
auch als Treiber für umfangreiche Digitalisierung."

2. Welche speziellen Gründe gibt es für den Einsatz von additiver Fertigung in der
   Produktionsumgebung von morgen? Welcher wirtschaftliche Nutzen resultiert daraus?

Nikolas Witter: „Das Potential der additiven Fertigung ist riesig. Aus Hochleistungs-
materialien können komplexeste Bauteile hergestellt werden. So kann sich das
Design eines Bauteils rein aus dessen gewünschter Funktion ergeben, und nicht aus
Restriktionen durch Fertigungsbedingungen. Außerdem ersetzt die additive Fertigung
konventionelle Werkzeuge und Formen, sowie die Lagerung von Formen über viele
Jahre hinweg. Der wirtschaftliche Nutzen ist nicht pauschal zu beantworten. Je nach
Anwendung ist die additive Fertigung teilweise jedoch der konventionellen Fertigung

auch in Kostenaspekten überlegen, auch weil sich mittels der additiven Fertigung in Produktionsumgebungen Flexibilität und Individualisierung umsetzen lässt."

3. Welches sind die großen Herausforderungen bei additiver Fertigung und wie wird sich die Technologie in Zukunft entwickeln?

Nikolas Witter: „Als eine wesentliche Herausforderung kann das notwendige Umdenken im Design von Bauteilen angesehen werden. Das Potential der additiven Fertigung, nahezu beliebig komplexe Bauteile herstellen zu können, stellt an die Designer und die CAD Software die Anforderung, dieses Potential bereits in der Bauteilauslegung auszuschöpfen. Ziel ist hierbei, die Funktion eines Bauteils oder einer Baugruppe als entscheidenden Geometrieeinfluss anzusetzen.

Aber auch der additive Fertigungsprozess an sich hält noch Herausforderungen bereit. So ist beispielsweise eine Beherrschung der Prozessparameter unter sich ändernden Umgebungsbedingungen oder für eine Vielzahl an Materialien schwierig, was zu Fehldrucken führen kann. Hier liegt die Herausforderung darin, die Robustheit des Prozesses zu steigern. Auch die Steigerung der Effizienz und Durchgängigkeit der gesamten Wertschöpfungskette ist ein wichtiges Thema."

4. Welchen besonderen Beitrag liefert Ihr Unternehmen in Bezug auf additive Fertigung und warum sollten sich Kunden für eines ihrer Systeme/Lösungen entscheiden?

Nikolas Witter: „Das Portfolio von Siemens adressiert die gesamte Wertschöpfungskette mit der durchgängigen Lösung vom Produktdesign über die Produktionsplanung bis zur Fertigung und übergreifenden Services zur Performance-Auswertung von Fertigungsanlagen. Somit halten die Kunden von Siemens die entscheidenden, ineinandergreifenden Bausteine für industrialisierte additive Fertigung in ihren Händen. Damit entfallen unterbrochene Datenketten, fehlende Schnittstellen und verlustbehaftete Datenkonvertierungen. Darüber hinaus beinhaltet die Lösung von Siemens besondere Merkmale, die ein „firsttime-right printing" ermöglichen, wie beispielsweise die Aufbausimulation und die schnelle Analyse von Designmerkmalen hinsichtlich Druckbarkeit."

5. Gibt es konkrete Benefits, die sich durch den Einsatz von AM belegen lassen?

Nikolas Witter: „Siemens nutzt die Additive Fertigung auch intensiv selbst, um das Angebot beispielsweise im Bereich der Energieerzeugung oder im Bereich der Mobility zu ergänzen. Die Erfahrungen aus der eigenen Additiven Fertigung fließen wiederum in die Produktentwicklung der Software ein, sodass durch die Expertise von Siemens ein Mehrwert für die Kunden von Siemens entsteht. Die Brennerdüse für Gasturbinen ist ein prominentes Beispiel, wie Siemens die additive Fertigung selbst nutzt, um Bauteile herzustellen. Aufgrund der additiven Fertigung der Brennerdüse (burner front) konnte die

Geometrie so verbessert werden, dass das Bauteil seine Funktion mindestens gleichwertig erfüllt, aber dabei weniger Platz einnimmt und damit den Medienstrom weniger stark beeinflusst. Darüber hinaus ist die additive gefertigte Brennerdüse auch aus anderen Gründen für Siemens interessant. Die Komplexität des Bauteils konnte von dreizehn zusammengeschweißten Einzelteilen auf ein gedrucktes Bauteil reduziert werden. Dadurch senkt sich die Entwicklungsdurchlaufzeit von 26 Wochen auf drei Wochen."

9.5   Interview mit Marcus Wissmeier – Flender GmbH

Marcus Wissmeier
Vice President Marketing Strategy & Operations
Corporate Marketing

Unternehmensprofil
Die Flender GmbH ist ein weltweit führender Anbieter von Komponenten der mechanischen Antriebstechnik und ein Tochterunternehmen der Siemens AG mit Hauptsitz in Bocholt. Flender produziert global an acht Standorten mit über 6000 Mitarbeitern. Die Angebotspalette umfasst ein breites Portfolio an Getrieben und Kupplungen, Antriebsapplikationen sowie Service-Dienstleistungen. Zum Branchenspektrum gehören Schlüsselindustrien wie Windenergie, Zementproduktion, Marine, Förder- und Krantechnik.

Fragen

1. Welche grundlegenden Chancen sehen Sie in der Industrie 4.0?

Marcus Wissmeier: „Aktuell steht bei Flender die interne Digitalisierung im Vordergrund, d. h. die Optimierung von Produkten und Prozessen. Diese können schneller, günstiger, und transparenter zur Verfügung gestellt werden. Damit wird es für unsere Kunden leichter Geschäfte mit uns abzuwickeln. Die Entwicklung von neuen Geschäftsmodellen steht zur Zeit weniger im Fokus."

2. Welche Schlüsseltechnologien erachten Sie für die Produktion von morgen als besonders wirkungsvoll?

Marcus Wissmeier: „Fahrerlose Transportsysteme, Data Mining, Predictive Maintenance, Augmented/Virtual Reality."

3. Mit Blick auf die dreizehn in diesem Buch thematisierten Technologien: Welche setzen Sie heute bereits in Ihren Werken ein?

Marcus Wissmeier: „Fahrerlose Transportsysteme, Predictive Maintenance, Augmented/ Virtual Reality."

4. Welchen besonderen Beitrag liefert Flender in Bezug auf die industrielle Entwicklung und warum sollten sich Kunden für eines ihrer Angebote entscheiden?

Marcus Wissmeier: „Flender ist der Marktführer, mit dem umfassendsten Portfolio, höchste Qualität und Applikations-Knowhow sind unsere Kernkompetenzen. Durch Digitalisierung verbessern wir unser Angebot, und die Kundenzufriedenheit noch weiter, z. B. durch den Einsatz von Konfiguratoren mit deren Hilfe unsere Kunden sich bequem ein Angebot erstellen lassen können bzw. Daten zur Konstruktion bzw. Dokumentation erhalten."

5. In welchem Maße sind bei Ihnen in den Werken bzw. in ihren Produkten/Lösungen bereits Predictive Maintenance Systeme integriert und welchen Zweck erfüllen diese?

Marcus Wissmeier: „Der Status/Reifegrad variiert zwischen unseren Werken, und zwischen unseren Produkten für verschiedene Anwendungen. Felddaten helfen uns und unseren Kunden, die Produkte richtig zu verwenden, und in Zukunft die richtigen Produkte einzusetzen. Gerade bei Anwendungen wo es darauf ankommt, dass die Anlage 24/7 läuft, helfen Predictive Maintenance Systeme durch das Sammeln und Auswerten von Betriebsdaten die Verfügbarkeit zu optimieren und damit das oberste Ziel, die Anlagenverfügbarkeit für unsere Kunden sicherzustellen und zu erhöhen, und so die Wirtschaftlichkeit zu verbessern, zu erreichen."

Erratum zu: Industrie 4.0 – Schlüsseltechnologien für die Produktion

Erratum zu: J. Pistorius, *Industrie 4.0 – Schlüsseltechnologien für die Produktion,* https://doi.org/10.1007/978-3-662-61580-5

Leider wurden einige alphanumerischen Kodierungen von Literaturangaben in den Literaturverzeichnissen der Kapitel 3, 4, 5, 6 und 7 fehlerhaft veröffentlicht. Bitte die folgenden Korrekturen übernehmen:

Kapitel 3:
Gei12 wurde in Gei12b korrigiert.

Kapitel 4:
Luc17 wurde in Luk17 korrigiert.

Kapitel 5:
Del16 wurde in Del17 korrigiert.
Zweimal FraOJ wurden in FIPOJ und FIWOJ korrigiert.
Zweimal IDC19 wurden in IDC19a und IDC19b korrigiert.
Sch12 wurde in Shö12 korrigiert.

Die korrigierten Versionen der Kapitel sind verfügbar unter
https://doi.org/10.1007/978-3-662-61580-5_3
https://doi.org/10.1007/978-3-662-61580-5_4
https://doi.org/10.1007/978-3-662-61580-5_5
https://doi.org/10.1007/978-3-662-61580-5_6
https://doi.org/10.1007/978-3-662-61580-5_7

J. Pistorius, *Industrie 4.0 – Schlüsseltechnologien für die Produktion,*
https://doi.org/10.1007/978-3-662-61580-5_10

Kapitel 6:
Sta18 wurde in StB18 korrigiert.

Kapitel 7:
BmWi16 wurde in BmWi18 korrigiert.

Printed in the United States
By Bookmasters